わかってしまう相対論

わかってしまう 相対論

簡単に導ける$E=mc^2$

福士 和之
Fukushi kazuyuki

海鳴社

目次

プロローグ　～ちょっと大げさな口上～

さて、相対論を語り出す前に、「物理学」というものをわかっていただかねばならない。

広く自然科学というと、「物理学」以外に、「化学」「生物学」「地学」を思い浮かべる人は正常である。自然科学というと、「量子論」「原子の周期律表」「進化論」「大陸移動説」等々を思い浮かべる人は、本書の読者として相応しくない場合がある。なぜなら、自然科学において、すでに特定の分野への特化した知識を持っている人である可能性が高いからである。そのような人は自然科学に対して、ある固定概念、あるいは間違った認識、もっといえば、正しすぎる認識を持っている危険が大である。そういう人に本書はお勧めできない。

「物理学」とは、思い切って簡単にいうと、「自然現象を説明し得る学問」のことである。

「ニュートンは、りんごが木から落ちるのを見て万有引力を発見した」とは、よく聞く話である。しかし実態はそうではない。「りんごや茶碗が落ちるのを見たら、落ちた後りんごや茶碗がどうなるか」を考えるのが正常な人間であり、ニュートンも、その例外ではなかった。彼が万有引力を発見したのは、「なぜ月は地球に落ちて来ないのか」という疑問を持ったからであり、「月は地球に落ちて来ない」のだから、落ちてきたとき、月が、あるいは地球がどうなるかを心配する必要はなく、安心して月が落ちて来ない理由を考えることができたのである。

何を言おうとしていたのかを忘れてしまった。そうそう「自然現象を説明し得る学問」の話をしていたのであった。「自然現象を説明し得る学問」だけなら、物理学に限らないだろうと思う人がいるかもしれない。その考えは大変に健全である。しかしながら、「化学」も「生物学」も「地学」も最終的には、分子・原子・宇宙のでき方に収斂するものであり、物理学なくして本質を語ることはできないのである。そう思わない人も、少なくともここでは、そう思ってもらわなくてはならない。

それでは、「数学」は？　と問う人よ。あなたは意地が悪い。実は「数学」は「哲学」と並んで、学問ではないと、常々私は考えている。つぎの意見を諸君は納得するであろう。

> 日本の中学生、高校生が、学校で習う英語は、学問ではない。なぜなら、イギリスやアメリカでは、習わなくとも、みんなそれを使いこなせる、からである。

いかがだろうか。納得できたであろうか。考えるに「なんだそりゃ」と思った人がほとんどであると思う。だが、ここには、優れたアナロジーがあるのだ。

「数学」は自然科学において、「哲学」は人文学において、その前提として理解されていないと始まらないのに、全く理解されないところから学問を始める人が多いことでその証明ができる。本当は、「数学」を知らずに自然科学をやってはいけないのであり、「哲学」を知らずに人文学をやってはいけないのである。上記のアナロジーで行くと「日本の中学生、高校生が、学校で習う英語を知らずして、英文学に手を染めてはならない」ということである。また、「日本の中学生、高校生が、学校で習う英語なんかやらなくても、イギリスに三年も留学すれば、英文学が出来る」というのもアナロジーである。

つまり、あえていうと、「数学」と「哲学」は学問ではない、しいていえば神の常識であり、神が創りたもうた人間ごときが挑戦する学問ではないのである。

だが、人間は神が創りたもうた存在であることで、不完全な存在であることを許されているのであり、「数学」「哲学」を学ぶ（ふりを）しながら、「自然科学」「人文学」を並行に研究するという暴挙を行っているのだ。つまり、「数学」を極めていないにもかかわらず、「自然科学＝物理」の研究をしているのである。

なに、話が飛んでいる？　そんなことはない。要は、人間は不完全であるが故に、神の領域には入れないのだ。
なに、ますます話が飛んでいる？　そんなことはない。「自然科学＝物理」は、人間が認識できないものを対象としないのだ。

「数学」は、ある条件の元で、いかなる理論をも許容する。「その理論に前提があり、論理的に間違っていない証明により導かれる」というのがその条件である。
そんなことは当たり前だろう、と今諸君は思ったはずだ。物理だって、その条件で理論を構築しているのだろう、そう思わなかったか？　実際は違う。物理は、もう一つの条件に縛られる。

それは、「この宇宙で起こる現象こそが真実である」という条件である。

少なくとも、数学には、後者の縛りがない。３次元の平らな空間も、16次元の曲がった空間も数学では対象にする。この宇宙が、４次元の曲がった時空間でしかないのに、必要もない多次元空間の研究をする。これが神への挑戦でなくてなんであろうか。

なにがいいたいのかまたもわからなくなった。ええと、つまり、「物理学」とは、「人間が認識しうる自然現象を説明する学問」である、ということだ。なに、まだよくわからない？　困ったね。

じゃあ次のたとえはどうであろうか。

> この宇宙は、1時間に全て2倍になっている。原子も分子も、光速度も、なにもかも全てが1時間に2倍になっている。だが、全てが2倍になっているため、この宇宙に存在するものは、それを認識できない。

という理論（?）を提唱した人がいるとして、あなたはこの理論を否定できるか？　できないはずだ。この宇宙の外にある存在にしか、それはわからない。この理論を容認してしまうと、1時間を n 時間にしても、2倍のところを m 倍にしても理論は成り立ち、これは、もう、滅茶苦茶である。

この意味で、この宇宙にいる人間が絶対に認識し得ない理論は、「物理学」の対象としない、ということをいっている。

ふうー、なんとか説明できたぞ。整理しておこう。

「物理学」とは「人間が認識しうる自然現象を説明する学問」である。

「人間が認識しうる」という一点で、「数学」とは一線を画する。（あえていえば、数学は、極限では、人間が認識できないもの、あるいは認識しても何の意味もないことを研究している。）ゲーデルの「不完全性定理」が世に出たときに数学者や哲学者が大騒ぎをしたのに、物理学者がびくともしなかったのは、この理由による。

なに、ゲーデルの「不完全性定理」ってなんだ？　興味深い話ではあるが、ここでは深入りしない。どうしても知りたい人は『ゲーデルの世界』(廣瀬健・横田一正著、海鳴社)などを読むか、数学者に聞いて欲しい……と編集者から圧力がかかってきた。(笑)

第１章　光ってなにもの？

１. 光の速さ

そもそも「速さ」とは何か？　である。自動車を運転する人なら、納得していただけると思うが、「速さ」とは、「移動した距離」を「かかった時間」で割ったものである。

時速60Kmで走る自動車は、一時間に60Kmを走るので、速さが、「60Km／時」なのだ。ちなみにこれを、１秒間に何ｍ走るかであらわせば、「16.66666……ｍ／秒」となる。(時速60Kmって意外と速い、ウサイン・ボルトの全力疾走の二倍まではいかないが、まあ、そんなもんである。)

ガリレオの時代から、光の速さというものは考えられていた。ガリレオは数キロメートル離れた山の頂に二人の人を配置し、片方がもう片方に光を発し（懐中電灯というものは、ガリレオの時代には存在しなかったので、多分ランタンに覆いでもかけたものを使用したであろう）、それを認めたもう片方は最初の片方に光を発する、という手段で二つの山頂間に光を往復させ、その時間を計って光の速さを求めようとした。

ところが、後に精密に計測された光の速さは、とてもとてもそんな手段で測れるほど遅くはなかった。ガリレオ方式で測れる速さは、精密な光速の誤差の範囲にもならないものであった。理由は簡単である。光の速さは、人間が、光を見て相手に送り返すという生物学的反応速度を遥かに超えていたからである。

ここで、普通は皆さんよくご存じの説明がなされる。「光は１秒間に地球を七周り半する」という聞き飽きたたとえ話である。光が１秒間に走る距離の桁違いの大きさを表現したい意図は理解できるが、私は個人的に、この説明が好きではない。光が地球の周りを回る？　そんなことは、地球がブラックホールでもないかぎり起こらない。しかしここで引用したブラックホールは、実は一般相対論から導かれる結論であり、ここで引用してはいけないのである。だからいい直す。地球の近辺を発した光は、ほとんど地球など無視して、彼方へすっ飛んで行くのであり、光が地球の周りを回るなどという現象は絶対に起こらない。誤解せぬように。

アメリカのマイケルソンは、巧みな工夫で、精密に光速を測定し、ノーベル物理学賞を受賞する。

ここで気にとめておいてほしいことがある。ノーベル物理学賞というのは、実験物理学者にもえこひいきなく贈られるのである。(理論物理学者にばかり贈られているのではない。意外とその辺知らない人が多い。)プロローグで述べたように、「物理学」とは「人間が認識しうる自然現象を説明する学問」である、のであって、「人間が認識しうる」ということは、言葉を換えていうと「観測できる」に非常に近い。したがって実験物理と理論物理は、物理学の表と裏であり（どちらが表で、どちらが裏ということはない)、実験物理が観測した事象を理論物理が説明したり、理論物理が予言した事象を実験物理が確認したりしている。むしろ、理論物理学者がいい出したことが、実験物理学者によって確認され、「晴れて両者がノーベル賞」ということが普通なのである。

みなさんの多くは、ともすれば実験物理を軽く見る傾向があると思われるので、ここは強調しておきたい。

話が飛んでいる。今回の結論、光の速さは、約300000Km／秒である。(正確には、299792.458Km／秒なのであるが、まあ300000Km／秒と覚えて問題はない。)

この速さを実感できるだろうか？　この速さで地球を発した光は、１秒ちょっとで月面に到着する。(アポロ11号とＮＡＳＡとの交信に２秒程度間が入ったのは、光（＝電波：後述）が地球と月面を往復するのに２秒ちょっとかかるためであった。)

マイケルソンが光速を精密に求めた方法は、ここで詳しくは述べない。なぜなら後に出てくる、マイケルソンとモーリーの実験のほうが有名で、こちらと混同するおそれがあるためである。決して私が怠けているわけではない。

2. マックスウェルの電磁波

さて、「光の速さは、約300000Km／秒である」ことがわかった。前項で書いたのは実はそれだけのことである。

前項では、光は地球から月まで１秒ちょっとで走るといった。もう少し付け加えると太陽までなら８分程かかる。なんだ意外と光って遅いではないかと思う人、それは認識が違う。宇宙が大きすぎるのだ。太陽に一番近い恒星（ケンタウルス座アルファ星）までさえ、光で４年かかる距離なのである。これを４光年という距離単位で表すことは多分ご承知であろうと思う。

次に、光は、約 300000 Km／秒で走ることはわかったとして、いったい何が、約 300000 Km／秒で走るのか。バカなことをいうな、光だといったのはお前ではないか、と怒らないように。空間を走るものには、二種類あって、それは、「粒子」と「波」なんだぞ、といえば、ふーん、と納得してもらえるであろうか？　「ホントかい？」と、疑う人は少し考えてみてちょうだい。

人とか新幹線とか川とか風とかは、どうも「粒子」が走っているようだ。それでは、海面を進む「波」は何が走っているのだろうか？　海水が走っているのならそれは粒子が走っていることになるが、実は違う。

海の上に浮いているボートの下を波が通り過ぎる、といっても不思議には思わないだろう。ボートは上下に揺れるだけで、海の上を進まない。それなのに波は進んでいる。これは、水面の揺れ（高い、低い）という状態が進んで行くのであって、海水の分子が進んでいるのではない。(岸壁で砕け散る波や、海水浴場に押し寄せる波は例外。これは実際に水分子が動く。)

実は、揺れなどのような「状態が進んで行く」ものを、「波」と呼ぶのである。風は空気分子の移動だが、音は空気分子の粗密という状態が移動して行くので波なのである。えっ、「空気の粗密」ってなんだって？　うーん、詳細は略す、といいたいところであるが、お前は、都合悪くなるとみんな、「詳細は略す」ではないか、といわれるのは火を見るより明らかなので、一応説明する。

　空気は気体なので、分子と分子の間にすきまがある。で、空気に圧力がかかると、すきまが縮まって、その圧力がかかったところで少し分子が混むのである（すし詰め状態）。満員電車と違って、空気には囲いがないので、混んだ分子は反動で、広がって、そのとき思わず広がりすぎて薄くなる（すいた状態）のである。この状態が次々ととなりの空気分子の中を伝わって行くのが音なのである。すいた状態を「粗」といい、混んだ状態を「密」というので、音というのは空気の分子の「粗密」という状態が進んで行くので「波」なのである、

とこれでいいかな。

ついでにいうと最初に空気に圧力を与えるものが人間の喉だったら、その音波を声という。

（うーむ、この調子で行くと、相対論にたどり着く道のりは遠いぞ。）

さて、本項の結論であるが、マックスウェルという人がいて、この人は、電気振動の研究をしていて、電気が振動する

とそこから磁気が発生し、その磁気が振動すると電気を発生することを発見し、これが空間を伝わっていくのが電波であることを示した。そして、計算によってその速さが、299792.458 Km／秒になることを発見した。どっかで聞いたことのある速さだなあ、と考えてみて、ああ、光と全く同じだ、ということに気がついた。

それで、光も実は電波と同じものであることがわかり、この電気と磁気が相互に発生し、派生的に移動して行く状態を電磁波と呼んだ。つまり、光は波であることを示したのである。

で、それまでいろいろな名前でよばれていた以下のものが、全て電磁波であることがわかった。そして電磁波の波長（波の高いところから次の高いところまでの長さ）の順に次のようになることもわかった。

電波‥‥マイクロウェーブ‥‥赤外線‥‥可視光（一般の光）‥‥紫外線‥‥X線‥‥γ線

さて、ここで問題が持ち上がる。それは光という波（電磁波）は、いったい何が揺れる状態が伝わって行く波なのか、という問題である。

3. エーテル！

光は電磁波という波である、という話を前項でしたのである。そこで問題になったのは、電磁波は何が揺れている波なのか、ということであった。

音なら空気、海の波なら海面が揺れてできる波であることは容易にわかる。しかし、光は、何も存在しないはずの宇宙空間を伝わって来るのである。揺れるものなど何もないはずである。誰もそれに答えることはできなかった。

そこで、ホイヘンスという人が、「エーテル」という「なにものか」が、宇宙には満ちており、これが揺れているのだ、といい出した。ここで、ことわっておかなければならない。この「エーテル」とは、化学でいうところの麻酔薬のエーテル（化学式$C_2H_5OC_2H_5$）のことではない。紛らわしいが間違わないように。

要は、電磁波を伝える媒体として、宇宙空間に満ちている物質（というか存在というか）を「エーテル」と呼んだのである。このエーテルなるもの、その詳細についてはなにもわからないまま、存在のみが信じられた。（実はこういうことは、物理学の世界ではそれほど珍しいことではない。なんだかわからないけれど、「あるもの」を仮定すれば、現象がうまく説明できるものを物理学は数多く使用してきたし、今も使用している。しかし、何度もいっているように、この「あるもの」は、実験によって確認されなければならない。）

さて、このエーテルには、ひとつ絶対に持っていなければならない条件があった。

それは、「光を伝えるエーテルこそが、この宇宙で唯一の静止物質である」ということである。

なんで急にそんな結論が出てくるんだ？　と思った人は、とっても健全である。しかし考えてもみて欲しい。この宇宙で、止まっている物体って何だ？　地球は太陽に対して動いているし、太陽だって銀河系内で移動している（らしい）し、銀河系だって、アンドロメダ星雲に対して動いている（らしい）のだ。そして、その合間をぬって走って来る電磁波は、エーテルという媒質が揺れて伝わって来るのだよ。

考えてみよう。この宇宙のあらゆる物体が他の物体に対して動いているとすれば、エーテルはそれらに対して止まっていると考えなければ、存在する意味がないではないか。だって、電磁波は、何もないはずの宇宙空間を走って来るのだ。その何もない空間を満たすものをエーテルと決めたのだから、エーテルは宇宙に対して静止している、というより宇宙そのものでないと、話ができない。ここのところ、納得行くまで読み返してみてね。

次に、波の速さというのは、何に対して一定か、というのが必ずあって、音なら空気に対して、海の波なら海水（海そのものというべきか）に対して、その波の速さは一定なのである。そこで、電磁波は何に対して一定の速さなのか、それはエーテルに対してである、ということになるのである。

少しわかりづらいと思うので、例をひいて説明する。

音波は、風がないと仮定したとき、空気に対して一定の速さである。（だって音は空気が伝えているのだから。）したがって空気に対して静止している人（立ち止まっている人のことよ）には、近づいてくる救急車の音も、遠ざかって行く救急車の音も同じ速さなのである。(違っているのは音の高さであって、近づくときは高く、遠ざかるときは低く聞こえる。これをドップラー効果と呼ぶが、それはどうでもよろしい。)結論をいうと、音は空気に対して一定の速さなのであるから、聞くものが（空気に対して）動いている場合は、音の速さは変わる。(早い話、音速を超えて飛ぶジェット機には、自分が出している音は絶対聞こえない。)

さて、これで波は、それを伝える媒質に対して一定速度ということがわかったであろう。光はエーテルという媒質に対して一定の速さになるのだ。光という波はエーテルという媒質（宇宙）に対して一定速なのである。

若干補足しておく。私たちの「常識」の確認である。

（１）物質（粒子といってもよい）は、それを発射するものの速さで、観測される速度は変わる。
（２）波動（波のことである）は、波源（波を発射するもの）の速度に関わりなく、媒質に対して一定速度になる。

光は、電磁波という波だというのであるから、光を発射するものの速度に関係なく、「エーテル」に対してその速さは一定になる、これが前提（常識）である。

したがって、300000 Km／秒という光の速さは、宇宙に対してなのであった。

これで一件落着と思ったのだが、さらに重大な問題が表れた。エーテルの存在を証明するために、マイケルソンとモーリーが行った実験が、物議をかもすのである。

4. エーテルが確認できない！

エーテルは、ホイヘンスが考えた想像の産物である。したがって、それが本当に存在することは、実験で確かめられなければならない。(実験物理が大事というより、確認されない理論は無意味ということを前に書いた。)

しかし、どうやってエーテルの存在を証明できるのか？それには、前回書いたエーテルの条件である、「宇宙に対して絶対静止」という事実を証明すればよい。つまり地球は、太陽の周りを回っているのだから、少なくともエーテルに対しては動いているはずである。一方、光は、あくまでエーテルに対して一定の速さで走るのであるから、そのエーテルに対して動いている地球から観測する光は、来る方向によって速さが変わって観測されなければおかしい。

それを証明するため、地球上を発した光は、地球の進行方向に往復させた場合と、それに直角の方向に同じ距離を往復させた場合、そこに時間差が出るように観測されるはずである、という事実を確認しようとした。

なぜ、こんな面倒な実験をしなければならないのか、と考えた人もいると思う。単純に、東から来る光の速さと西から来る光の速さの違いを見ればよいのではないか、という疑問である。しかしこれではダメなのだ。なぜなら、この時代は、地球が光源とならなければ光の速さを決定することができなかったからである。つまりよその星から来る光の速さはわからなかったのだ。これは、速さが「距離」を「時間」で割ったものである以上当然のことだ。地球の外にある光源までの「距離」も届くのにかかる「時間」もわからない。なにか一工夫必要なわけである。

そこで、音を例に説明を試みる。

音源が（空気に対して）右の方向に秒速100mで走っているとする。そして音速は（空気に対して）秒速300mであるとする。（本当は秒速340mくらいであるが、話を簡単にするため300mとした。）今、点Aにいる音源が、音を出した。そして点Aから発した音を右へ1200mはなれた点Bで反射して音源

> **図1　音の往復（前方向）**
>
> 行きにかかる時間：見かけの音速は引き算
> 1200(m)÷(300 − 100)(m／秒)＝6(秒)
>
> 帰りにかかる時間：見かけの音速は足し算
> 1200(m)÷(300＋100)(m／秒)＝3(秒)
>
> 往復にかかる時間：
> 6＋3＝9（秒）
>
> 100m/秒
>
> A●　(300−100) m/秒　●B
> 　　(300＋100) m/秒
> 　　1200 (m)

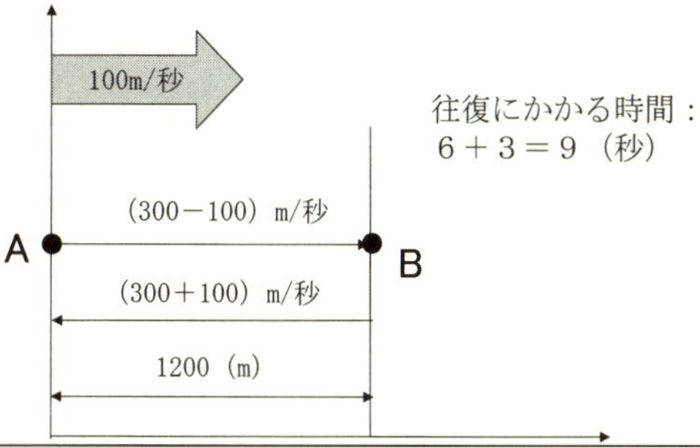

に返すとする（図１参照）。音源から見て、音波が走る距離を計算してみよう。（注意：点Ａも点Ｂも空気中を右へ動くので、ＡとＢの距離は常に 1200m）行きは、点Ａから点Ｂまで音波が走るので、音源の動きに対して、空気は逆方向に走っているように見える。したがって、行きに走る見かけの音速は（300－100＝200）である。戻りは逆に（300＋100＝400）になる。あとは図１の通り、往復にかかる時間は９秒となる。

ところが、真横へ発した音は、高さが 1200m の二等辺三角形の等辺部を走る（図２参照）ので、ピタゴラスの定理から、図２の通り、往復する時間は、8.485 秒である。

面倒な人は、図の計算を正確に理解する必要はない。とに

図2　音の往復（横方向）

音源が移動する距離
（ａ）＝100（m／秒）× t（秒）＝100 t（m）
音が走る距離
（ｂ）＝300（m／秒）× t（秒）

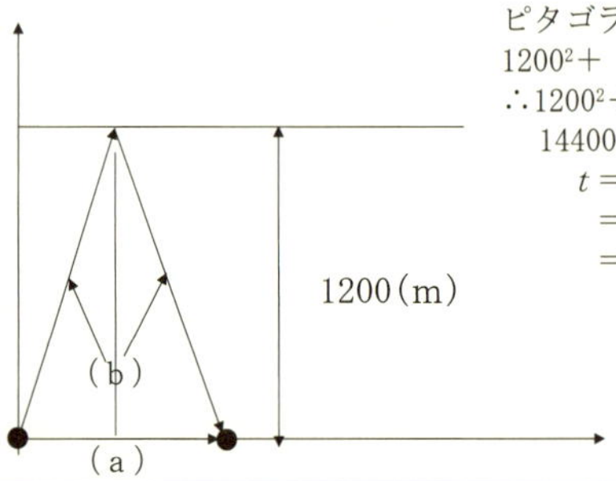

ピタゴラスの定理より

$1200^2 + \{(a)/2\}^2 = \{(b)/2\}^2$

$\therefore 1200^2 + (50t)^2 = (150t)^2$

$1440000 = (22500 - 2500)t^2$

$t = \sqrt{(1440000 \div 20000)}$

$= \sqrt{72}$

$= 8.485$（秒）

かく、波を進行方向に往復させたときと、垂直方向に往復させたときで、速さに違いが出ることを認めてくれればよい。

というわけで、マイケルソンとモーリーは、これを光に応用して、精密に測定したのである。（地球がエーテルに対して進んでいる方向とそれと直角方向とに、光を往復させ、その時間差を測定したのだ。）そもそもマイケルソンは、初めて現在の最新技術を使った光速度とほぼ同じ結果を出した実験をした人であった。（それでノーベル賞をもらったことは、すでに書いた。）実験の精度に問題はなかったのである。

その結果、本来違いが出るはずの光の速さに違いはなかった。

いっておくが、この結果を納得できないマイケルソンとモーリーは、何度も何度も、場所や季節を変えてまで実験をやり直したのである。それでも違いを検出することはできなかった。

マイケルソンとモーリーは、「エーテルの存在」を証明しようとして実験を行ったのである。この実験のおかげで、結果的にエーテルが否定されたことで、マイケルソンとモーリーが悪者にされて、この実験は間違っているから、相対論も嘘である、と主張する変な人たちが今でもいるようであるが、これはちゃんちゃらおかしい。いまもいったように二人は「エーテル」の存在を証明しようとして実験をしたのであり、時間差が出ることを期待していたのである。また仮にマイケルソンとモーリーの実験が間違っていたとしても、そのあといろいろな物理学者が様々な実験で、この結果を支持しているのだから。（当然のことながら、現在では、地球外に光源を置いて、それこそ、「東から来る光」と「西から来る光」の比較も行われ、それでも違いは検出されていない。)

というわけで、当時の物理学者は困った。エーテルの存在を確認することができなかったのである。

これは何を意味するか、いろいろな人がいろいろなことをいった。次項はその話を書く。

5. えっ、物体が縮む!?

さて、マイケルソンとモーリーの精密な実験によっても、エーテルの中を走る地球上で測定した光の速さに差はみつからなかった。この不思議な事態に対して、おおよそ四つの意見（いいわけ）が出た。

（1）地球はエーテルに対して静止している。よってこの宇宙は地球とエーテルに対して動いている。

天動説の再来である。ガリレオに叱られるので、この説は無視。

（2）地球が、エーテルの中を動くときエーテルを引っ張って動くので、光速の差が発見できない。

地球外からの星の光が季節によって来る方向が微妙にずれる現象（光行差）を説明できずに、没。

（3）光は、エーテルでなく、光源の速さに対して一定である。

もともとの前提であった、「電磁波を走らせる媒質がエーテルである」、に反するので、ダメ。

（４）物体は、エーテルの中で、その圧力により運動方向に対して長さが縮む。

縮む比率まで計算され、これがマックスウェルの電磁気学に矛盾しなかった。

どうやら、（４）が最も有望な気配である。この縮む割合を計算したのがフィッツジェラルドという人であり、マックスウェルの電磁気学を用いて、電子の運動を研究していたローレンツが、この計算式を支持したので、この物体の縮みを現した式を、フィッツジェラルド-ローレンツの変換式という。そして、その縮む割合を示した係数をローレンツ因子と呼ぶ。

$$\frac{1}{\sqrt{1-v^2/c^2}}$$ ・・・・（ローレンツ因子）

余談

「相対論は、アインシュタインという大天才がいなければ、とうてい出来なかっただろう」という伝説があるが、それは嘘だ。少なくとも特殊相対論に関しては、この「ローレンツ因子」が登場した時点で、ほとんど完成していたといっても良い。ただその変換の意味するところを誰もが取り違えていただけである。（ただし、一般相対論は、アインシュタインがいなければ、半世紀くらい遅れていたと思う。）

上式を覚える必要はない。ただローレンツ因子というものがあることだけ記憶してもらいたい。

上式で、c は光速度、vは観測者の速さである。前にも書いたが光の速さは、300000Km／秒と、とてつもなく速い。だから分母に現れる　v^2/c^2　は、通常の地球上の速度に当てはめるとほとんど０に近いので、物体が縮む割合は限りなく１であり、それが縮んでいるとはわからない。

なに、「精密な測定ができるはずではなかったか？」って。その通りで、原理的には、いくら縮みが少なくとも、どれくらい縮んだかは測ればわかる。ところが、この場合、大問題があるのである。エーテルに逆らって突き進む物体は、みんなローレンツ因子分縮むのである。

何をいいたいかというと、「物質は、エーテルに逆らって進むとき、ローレンツ因子で割った分縮む。しかしそれを測定するものさしも同じ割合で縮むので、縮みを検出することはできない」というのが結論である。

さて、この結論をどう思うだろうか？　なんかだまされた気分？　それとも納得した？

プロローグで、「宇宙は１時間に全てのものが２倍になっている。しかし何もかもが２倍になっているので、それを宇宙にいるものには検出できない……」という理論は認められない、という話をした。上記のローレンツの収縮も、同じことがいえないだろうか。

つまり、「物体は、エーテルに逆らって動いている方向に縮んでいる。しかし、全ての物体が同じ割合で縮んでいるので、そのことは絶対に検出できない。」似ていますね。

いくら状況を説明できても、人間が絶対に認識できないものは対象にしない、というのが物理学の立場であった。だから、いくらローレンツの収縮が、状況をうまく説明できても、それは、エーテルの存在を示す証拠にはならないのである。

さてどうしよう。ここで、アインシュタインの出番が来た。

ここまででいってきたことをまとめてみよう。これは、アインシュタイン以前の話である。

（１）物理学では人間が認識できない理論は相手にしない。
（２）光の速さは、約 300000 Km／秒である。
（３）光は電磁波という波である。
（４）光という波を伝達する媒質をエーテルと呼び、エーテルこそが、この宇宙で絶対静止している。
（５）エーテルに対して動いているはずの地球を光源として、光の速度を測ったら、エーテルに対して突き進んでいる方向と、それに直角な方向で、光の速度が変わらなかった。
（６）エーテルを認める限り、物体は、エーテルに逆らって進むとき、その長さが縮むけれど、ものさしも縮むので原理的に縮みを検出できない。したがって、（１）の要請により、エーテルは認められない。
（７）困ったよ。

以上である。この後、いよいよアインシュタイン登場。

第２章　はじめに光速度ありき

1. アインシュタイン登場

さて、アインシュタインの登場である。

彗星のように物理学の世界へ登場したアインシュタイン。でも、「アインシュタイン＝相対性理論」なのではない。

アインシュタインは、ノーベル物理学賞を受けているが、そのときの功績は何だったか、ご存じだろうか？　こんなことを尋ねるからには、相対論でないことはわかるであろう。実は、「光電効果」がそれである。

アインシュタインの「光電効果」が、日本に紹介されたとき、某新聞には、「写真電気効果でノーベル賞」と書かれたそうだ。なんだそりゃあ、と思う方、″Photo-Electric-Effect″を訳してみて欲しい。理解できますね。

金属の表面に光をあてると、そこから電子が飛び出して来る現象が「光電効果」である。アインシュタインはこの現象を説明したわけであるが、そのとき実に斬新なことをいったのであった。それを述べる前に次の事実を書いておこう。

（1）波長の長い光（赤外線など）をいくら長時間照射しても、電子は飛び出さない。

（2）波長がある値より小さくなると、ほんの少し照射しても、電子が飛び出す。

さて、この事実は、何を物語っているか？　ちょっと考えてみてほしい。

光が波であるなら、上記の現象は発生しない。波長によらず、ある一定時間照射し続ければ、飛び出すエネルギーを電子に与えることができるからだ。

それが成立していないのは、光がエネルギーを持った粒子（のようなもの）であると考えると説明がつく。つまり、光とは波長に対応したエネルギーを持った粒の性質をもったものなのだ。波長が短いほど、エネルギーは大きくなる。アインシュタインはこれを光量子と呼んだ。後の光子である。

余談

私たちが夜空を見上げたときを考えてみよう。ある一点を発した光は空間の全ての方向に拡がるのだから、遠くにある星ほど、地球に届くエネルギーは小さくなる。もし光が波動ならば、眼球内の網膜がその光を検出できるエネルギーが蓄積されるまでは見えないはずで、遠くの星ほど見えるのに時間が掛かるはずである。だが、現実にはそうはなっていない。夜空を見上げたとたん、全ての星の光は同時に我々に見える。これは、光一個が網膜で検出できるだけのエネルギーを持った粒だからなのである。

実は、これが、量子論の始まりにもなっているのだが、後に量子論は不完全であると問題提起したアインシュタインが量子論の黎明期にこんな形で関わっていたことは興味深い。

さて、光は電磁波であり、だから、光という波を伝達する媒体としてエーテルが考えられたのであった。

それが粒子だって！　人をバカにするんじゃない、と叱られそうだが、アインシュタインは決して、光を粒子だとはいっていない。波長に応じたエネルギーを持つなにか、つまり光量子だといったのである。なに、詭弁だって？

そうではない。事実を述べただけである。この光量子説は、さっきもいったように量子論に繋がって行くのだが、とりあえずここでは深入りしない。

余談

相対論においても、アインシュタインのいい出したことが、理解されない時期は長かったし、驚くことに、今だに「相対論は大嘘だ」いう人もいるのだ。「相対論は完璧に間違っている」という論旨を展開するインターネットのサイトは、ちょっと検索すれば、簡単に見つけることができる。この手の輩は、「アインシュタインは大山師である」または「自分がアインシュタインを超えた」といいたいらしいのだが、相対論が間違っていたら、原子力発電もできないし、今はやりの「カーナビ（ＧＰＳ）」も使えない。相対論は、現実に確認された理論であり、今でも検証され続けている。絶対に正しい理論など存在しない。検証に耐え続ける理論があるだけである。（ここを間違わないように。）

光電効果も相対論も、その正当性は確認され続け、間違いが発見されていない（現実の宇宙との食い違いが見いだされていない）から生き残っている理論なのである。

アインシュタインが「光電効果」で、ノーベル賞を受賞したのは 1921 年。このとき、相対論は既に世に出ていた。（なんとこの二つの理論は同じ 1905 年に発表されている。）ところが相対論が受賞の対象にならなかったのは、相対論が素直に受入れにくい理論であり、認められるのに 20 年では足りなかったからだ。

なぜ認められなかったのか？　あまりに難しい理論で理解できる人がいなかったからではない。特殊相対論は、数学的には、微分も積分も必要ない。本当に高校１年程度の素養があればよい。

相対論が認められなかったのは、理論が難解だったからではなく、その意味することが常識破りであり、誰もそれを正しいと認めることができなかったからである。

2. 二つの原理

光（＝電磁波）は、エーテルを媒質とする波と考えて精密に速さを測定すると、実際の波（音波など）とは異なる結果が得られたことを前章で書いた。

それはエーテルに対して動く観測者が、どのような方向から来る光速度を測っても、その値は同じになるということであった。（ちょっと話が飛躍している？　マイケルソンとモーリーの実験は、エーテルに対して地球が動いているという前提で、進行方向とそれに垂直な方向での、光の往復時間を計り、それが厳密に一致することを示したのだが、同じことをいいかえると、どのような方向からの光速度も同じ、という結論になる。)

これに対して、ローレンツは、エーテルに逆らって進む物体は、その方向にある値(ローレンツ因子)をかけた分だけ縮むとして、状況を説明したのだった。

ただし、全ての物質がエーテルに対して縮んでしまうので、当然ものさしも縮み、その縮みを絶対に検出できないことも、前章で書いた。

絶対に測定にかからないものを仮定した理論は無意味である(つまり、エーテルは原理的に観測できない)ということから、「エーテルという仮説を捨ててみたら」ということを考えたのが、アインシュタインであった。(アインシュタインは、決してエーテルを否定したわけではない。エーテルを考えなくとも、実験事実を説明できると考えたのである。)

詳しい話に入る前にひとつだけ整理しておこう。それは、光を波と考えたときの振る舞いが、実際は我々の知っている波と異なるという点である。

しつこいぞっ!　と怒らないでね。これ大事なことだから。

まず、光が粒子であるとする。

これは、本当に私たちの常識で考えればよい。ある人が野球のボールを時速 140Km で投げるとする。球場のピッチャーマウンドからボールを投げれば、バックネット裏で測定したボールの速さは 140Km／時である。ところが、ピッチャーが、センター方向からキャッチャーの方へ時速 50Km の車に乗って、マウンド上に来たとき、ボールを放ったらどうなるか。そう、バックネット裏では、ピッチャーの投げる速度（140Km／時）と車の速度（50Km／時）を加算した値（190Km／時）を観測する。光に置き換えれば、光源の速さが観測する光の速さに影響することになる。

次に、光を波と考える。

この場合、観測するものにとって、波源（波を発するもの）の速さは、観測者に影響しない。何度もいったように、波は、その媒質に対して一定の速さなのである。しかし、観測する側が、媒質に対して動けば、観測する波の速度は変わる。

ところが現実に光の速さを測定してみると、光源が動こうが、観測者が動こうが、どんな場合でも、光の速さは一定なのである。これは、光を粒子と考えても、波と考えても、これまでの常識とは相容れない。

わかりやすい例でいう。

光源Ａがあって、ここから速さ c で光が出ている。そしてその光源に速さ v で近づく物体Ｘと、同じ速さ v で離れ行く物体Ｙがあるとする。みなさんの常識で考えれば、Ｘにとっては、光の速さは、$c+v$ であり、Ｙにとっては、$c-v$ に見えると思うだろう。（もちろん、Ａにとっては c である。）光を波と認識していれば、それで正常である。

また、あなたから見て、光速の 0.8 倍で走っているロケットが、前方に光を発した場合、その光の速度は、あなたにとって、(0.8+1.0=1.8)つまり光速の 1.8 倍と見える、これは光を粒子と認識したときの常識である。

ところが、どんなケースでも、光の速さは同じ c に観測されるのである。

これは、アインシュタインがいい出したことでも、相対論における結論でもない。観測するとそうなってしまうのである。(ここを勘違いしないように!)

そこで、アインシュタインは考えた。光速度は、どう測っても同じになるのがこの宇宙の性質なのではないか、と。

なぜといわれても答えようがない。観測の結果、そういうもんだ、としかいえない。

そこで次の原理を提案した。

(1) 光の速度は、いかなる慣性系から測定しても同じである。

慣性系ってなんだ? 本当はこの原理に、慣性系という言葉はいらないのだ。だったら、はずせ! といわないでね。私はこれから「特殊相対性理論」を説明しようとしている。ここで出てくる「特殊」というのは、慣性系のことなのだ。

慣性系 (外部から力が働かない系、つまり等速運動をする系）という条件付きで展開する理論を「特殊相対性理論」と呼ぶ。だから第１原理にも、とりあえず慣性系という言葉を入れておく。

アインシュタインは、実験の結果から、光速度一定の原理を仮定したのである。(くどいようだがいっておく。現在まで、この仮定を覆す実験結果はない。)

余談

このアインシュタインの原理をいいかえると、この宇宙とは､「誰にとっても光を一定速度で走らせるところのものである」という関係代名詞（英語の復習をしましょうね）でしかいい表せないものとなる。だってそういうものなんだから。

そして、この後、この関係代名詞的ないい方しかできないものが物理学では増えてゆく。

例えば、光とは、波として観測すれば波であり、粒子として観測すれば粒子である、そういうところのものである、という事実がある。これは量子論の結論なのだが、光ってそういうものなのだ。とりあえず相対論には関係ないので詳細は述べないが、そういういい方をしないと正確にいい表せないものがどんどん出てくる。

閑話休題。

そして、もうひとつの原理を提案した。

（2）どんな慣性系でも、物理現象は同じである。

なんぼなんでも、そのくらいわかるわい、あそことここで物理法則が違ったらそもそも物理学なんて意味ないではないか！　と怒らないでね。実は、これも大事なのよ。

なんでかというと、これは、「全ての慣性系にえこひいきはない」といっているのだ。なに、まだあたりまえ？

じゃあもう少しいい方を変えよう。「ある慣性系のみを特別扱いする理由はない。」なに、まだいいたいことがわからん？　じゃあもっと噛み砕いてみよう。「ある慣性系から、別の慣性系を見たとき、そこにあるのは、お互いの相対速度だけである。」なに、今度は話が飛躍しすぎてわからない？　うーん、そうか。

○時速 200Km で走っている物体 A がある。時速 500Km で走っている物体 B がある。（両者とも一直線上とする。）

といったらおかしいのだ。A と B はいったい何に対して時速 200Km、500Km なのかをいっていないから。

○そこで物体 C を持ってきて A 及び B は、C に対して、上記の速度だとする。（とりあえず C を基準にした。）
○そうすると、C を基準として、B は A にとって時速（500－200＝）300Km であることしかいえない。
○逆に A も B にとって時速（500－200＝）300Km であることしかいえない。

自分がどのくらいの速度で走っているのかは、単体では、どの物体もいえないのである。

いえるのは、Ａ と Ｂ は相対速度、300Km／時であることだけである。

つまり、第２原理は、宇宙には絶対静止という特別な慣性系を定義できる何物もない、ということをいっている。

この原理の提唱により、エーテルは死んだ。（こういうと、また勘違いする人が必ずいる。アインシュタインが、エーテルを殺したわけではない。正確には、「初めからエーテルなど必要ないということがわかった」のである。）

今回の話をまとめる。アインシュタインは、特殊相対性理論を展開する二つの原理を提唱した。

（１）光速度は、いかなる慣性系から測定しても同じである。（光速度不変の原理）
（２）いかなる慣性系でも、物理現象は同じである。（特殊相対性原理）

ある意味では、特殊相対性理論とはこれだけなのである。これですべてが説明できる。

３．思考実験、その１（動く時計の遅れ）

物理をかじった人は、よく「思考実験」という言葉を使いたがる。単なる証明（もどき）を「思考実験」にしてしまう輩も多い。しかし、光速度があまりに速すぎて、日常の現象と全然マッチしないので、相対論では、ときに「思考実験」をしなければならないこともある。

次に示すのは有名な思考実験である。本当に実験すると光速度はえらい大きいので日常生活にあてはめられない。そこで、頭の中で次のようなことを考える（実験する）のである。（くどいが、実際には、本当の実験でも確かめられていますからね。）

【状況】

Yという人がいて、便宜上静止しているとみなす。(全ての慣性系は相対速度しか持たないので、今Y氏を基準系とする。) このY氏の目の前を、(Y氏から見て）右へ速度 v で走っている列車がある。列車にはXという人（列車に対して静止）が乗っている。今、光速度を c で表す。[なぜか光速度は c で表すことになっている。ラテン語の「celeritas」(発音はケレリタス、速く動く物の意）から来ているという説があるそうだ(出典：ウィキペディア)。また、「constant」(定数の意) の c である、という人もいる。]

【X氏が行うこと】

X氏は、列車の床にそなえつけた光源から列車の天井の鏡めがけて垂直に光を発する。その結果、光は、天井の鏡で反射されて床に戻る。

【Y氏が行うこと】

列車の外から、列車の中のX氏が床から発した光が、鏡で反射されて床へ戻るのを見る。

簡単な状況である。X氏が列車の床から発した光が列車の天井と床を往復するのをY氏も見る、ということだ。

図3　列車の中の光

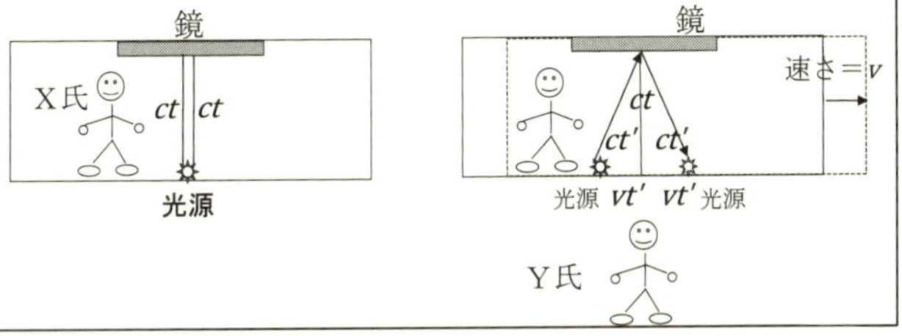

X 氏にとっては、光が、行った道をそのまま返るだけである。その事実はＹ氏が見ても変わらない。ただＹ氏から見てX 氏が動いているので、Ｙ氏にとっては、光の道筋が単純往復に見えないだけである。

列車は、Ｙ氏に対して速度 v で右へ走っているので、Ｙ氏から見ると光は右上へ走り天井で反射してさらに右下に走る。このとき光が発して、天井に至るまでの時間を t' とするとその間にX 氏が動く距離は $v \times t'$ である。そうですね。

そうすると、ここに底辺 vt'、高さ ct、 斜辺 ct' の直角三角形が二つできる。

さて、光が走った距離は？　ピタゴラスの定理を持ち出すまでもなく、Ｙ氏が見る距離のほうが、X 氏が見る距離より長い。

そうすると、光は一定速度なので、相手の時計が遅れていないと話が合わなくなる。

実際に計算してみよう。恐れることはない。中学卒業の数学で充分な内容だ。

ピタゴラスの定理より

$$(ct')^2 = (ct)^2 + (vt')^2$$

がいえる。これをＹ氏の時間 t' について展開する。

$$(ct')^2 - (vt')^2 = (ct)^2$$

$$t'^2(c^2 - v^2) = c^2t^2$$

$$t'^2 = \frac{c^2t^2}{c^2 - v^2}$$

$$= \frac{t^2}{1 - v^2/c^2}$$

$$t' = \frac{t}{\sqrt{1 - v^2/c^2}}$$

Ｘ氏の時間(t')をＹ氏の時間(t)で表現すると、Ｙ氏の時間にローレンツ因子を掛ければよいことがわかる。(時間の遅延)

$$\frac{1}{\sqrt{1 - v^2/c^2}} \quad \cdots\cdots \text{（ローレンツ因子）}$$

これの分母は１より小さくなるので、因子全体では１より大きくなる。

まとめ

ある慣性系から見て、動く物体の時間は、静止している側から見た時間にローレンツ因子を掛けたものになる。(間延びする＝遅れる。)

４. 思考実験、その２(動く物体の収縮)

なんでこんな話をしているのか、わからない人は正常である。

「アインシュタインの二つの原理まではわかったよ。でもなんで突然こんな話になるんだ？」と思わないほうがおかしい。

そこで理屈をいう。アインシュタインの第１原理を思いだしていただきたい。

光速度は、いかなる慣性系から測定しても同じである。(光速度不変の原理)

これを認めると、相対速度を持って運動する物体同士の空間（長さ）と時間の関係が妙なものになってくるのだ。

なぜなら光速度は、誰がどのように観測しても一定なのに、それを観測する側が様々に動いているとすれば、速度が「距離／時間」である以上、そのしわ寄せは、「距離」と「時間」の双方で負わなければならない。つまり以下のようにいえる。

（１）私が見るあなたの時間は、あなた自身の時間と異な

る。（前項にて説明済み）

（２）私が見るあなたの長さは、あなた自身の長さと異なる。（本項にて説明する）

非常に不思議なことになってきていることはおわかりだろう。自分に対してある速さで走っているものが持つ時計は、遅れて観測される、つまり、あなたと私の時間は同じに進まない。「そんなばかな！」、と叫びたくなる人は健全だ。

アインシュタインが、こんなことをいい出したから、相対論は、初めは誰にも相手にされなかったのだ。

さて、唐突に、本項の説明に入る。前項と同じ方式でやってみよう。

【状況】

Ｙという人がいて、便宜上静止しているとみなす。（全ての慣性系は相対速度しか持たないので、今Ｙ氏を基準系とする。）このＹ氏の目の前を、（Ｙ氏から見て）右へ速度 v で走っている列車がある。列車の中央にはＸという人（列車に対して静止）がいる。

列車に乗っているＸ氏が観測する時間を t とする。その時間にＸ氏が移動する距離を L とする。対して地上でそれを見ているＹ氏が観測する時間を t' とし、その時間にＸ氏が移動する距離を L' とする。

図4　動く物体の収縮

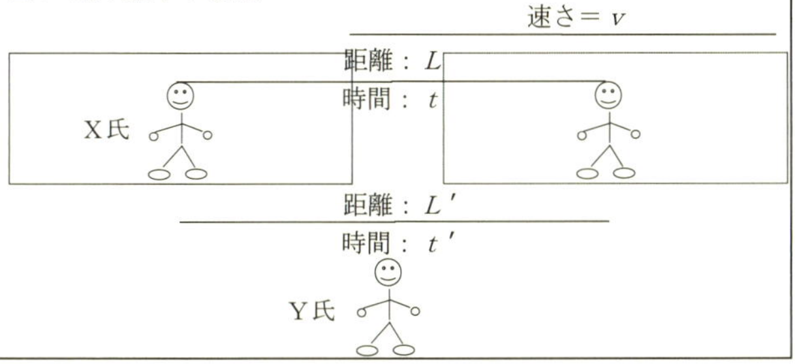

この場合は、X氏もY氏も何も行う必要はない。起こったことを式に書いてみればよい。

X氏が走った距離は

$$L = vt$$

である。同様にY氏にとってX氏が走った距離は

$$L' = vt'$$

となる。　ここで前項の結論

$$t' = \frac{t}{\sqrt{1-v^2/c^2}}$$

を書き換えた

$$t = t'\sqrt{1-v^2/c^2}$$

を使って、X 氏の距離 L を求める。簡単だ。

$$\begin{aligned} L &= vt \\ &= vt'\sqrt{1-v^2/c^2} \\ &= L'\sqrt{1-v^2/c^2} \end{aligned}$$

X 氏の長さ(L)を Y 氏の長さ(L')で表現すると、Y 氏の長さをローレンツ因子で割れば（ローレンツ因子の逆数を掛ければ）よいことがわかる。(距離の収縮)

まとめ

ある慣性系から見て、動く物体の長さは、静止しているときの長さをローレンツ因子で割ったものになる。(縮む)

5. 美しいと思うか？

長さ（空間）と時計（時間）が綺麗な対称系となって現れた。これを「美しい！」と思う人は、物理屋の素質がある。大概の人は「ふーん」くらいとしか感じないはずで、それで正常である。

３項と４項の細かいことは無視してよい。ただ、以下を認めてほしいだけである。

（１）私が見るあなたの長さは、あなた自身が認識する自分の長さと異なる。（縮む）
（２）私が見るあなたの時間は、あなた自身が認識する自分の時間と異なる。（遅れる）
（３）上記（１）と（２）は単独ではなく、共に起こる現実である。

アインシュタインの発想のすばらしさは、長さ（空間）と時計（時間）を対等に扱おうとしたことである。

あなたと私は、異なるものさしを持っている。これは何とか認めるとしよう。ところが、アインシュタインは、さらに、あなたと私は進み方の違う時計を持っている、といったのだ。これは、実感するのが難しい。少なくとも20世紀初頭の他の人々にはこれが理解できなかった。（理解できなかった人は恥ではないが、実際にその事実が検証されても、「信じられない」という理由だけで、理解しようとしない人は恥ずかしいと思ってもらいたいものだ。）

とっても簡単な方法で、時間と空間を結び付ける式を示してみよう。

まず、３次元のピタゴラスの定理をおさらいしておこう。

図5　3次元のピタゴラスの定理

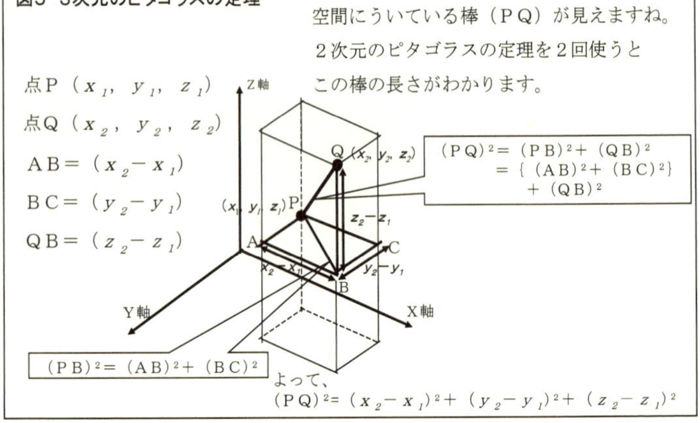

点Ａ$(x_1,\ y_1,\ z_1)$　と

点Ｂ$(x_2,\ y_2,\ z_2)$

があり、これが空間内の棒の両端であるとする。

点Ｐと点Ｑの距離が L である（棒の長さが L である）とすると、

$$(x_2 - x_1)^2 + (y_2 - y_1)^2 + (z_2 - z_1)^2 = L^2$$

である。つまり、空間のどこに棒をもって行っても、L という長さは不変量であることをいっている。

皆さん、当たり前だと思ったでしょ。しかし３項で示したように、光速度一定を前提にすると、相対速度を持った物体同士では、相手の長さが変わって観測されることを思い出してみよう。

であれば、光速度一定の条件の元で、いかなる慣性系においても不変となる量があるのだろうか。

それを考えてみることにしよう。今度は時間も考慮して、

点 A(x_1, y_1, z_1, t_1)　と
点 B(x_2, y_2, z_2, t_2)　を考える。

時刻０においてＡとＢは、同じ場所にいた（つまり座標原点が一致していた)。そして、Ｂ は、Ａ に対して相対速度 v で動いているものとする。

ＡとＢが時刻０（座標原点が一致していた時刻）に、各々光を発した。光は、その点を中心とした同心球状に拡がる。

ここまではよいと思う。問題は次だ。

Ａにとって、時間（t_1）の後、Ａは（x_1, y_1, z_1, t_1）にいる。対してＢにとっては、時間（t_2）の後、(x_2, y_2, z_2, t_2)にいる。

時間にはt_1、t_2と隔たりがあるのだから、Ａ、Ｂそれぞれの原点から発せられた光は、

Ａにとっては、ct_1
Ｂにとっては、ct_2

だけ走ったところにいるはずである。そしてこれが、空間的

図6　球面の方程式

原点を中心とする球面上の任意の点P（x_1, y_1, z_1）は、原点からの距離が必ず半径（r）になる。三次元のピタゴラスの定理を思いだそう。

$x_1{}^2+y_1{}^2+z_1{}^2=r^2$

を満たす点の集合が球面となる。

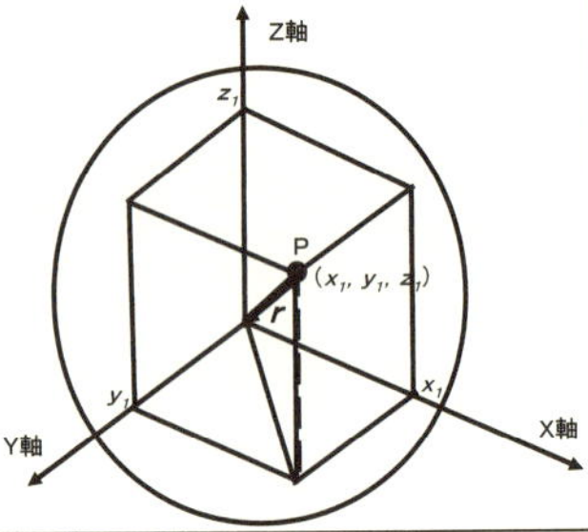

な距離と一致するのだから、球面の方程式より

Aでの光の広がり：　$x_1{}^2+y_1{}^2+z_1{}^2=(ct_1)^2$
Bでの光の広がり：　$x_2{}^2+y_2{}^2+z_2{}^2=(ct_2)^2$

ということがいえる。cはもちろん光速度である。

さて、時空間の場合の、空間の棒にあたるものはなにか？

３次元空間のピタゴラスの定理は、棒の長さが不変だった。４次元時空間では、時間を含めた事象の隔たりが不変量になるのである。よって３次元のピタゴラスの定理から、これを４次元時空間に応用して

$$(x_2-x_1)^2+(y_2-y_1)^2+(z_2-z_1)^2-(ct_2-ct_1)^2=\tau^2$$

である。

これを整理すると

≪３次元空間のピタゴラスの定理≫

$x^2+y^2+z^2 = r^2$ （ r は、慣性系の座標原点からの距離 ）

≪４次元時空間のピタゴラスの定理≫

$x^2+y^2+z^2 - (ct)^2 = \tau^2$

である。

時間の項にだけ光速度 c が掛かっており、さらに２乗の項がプラスでなくマイナスである。これは、えこひいきではないのか？　と思う人は鋭い。しかし、不変定数 c を掛けることにより、時間を、空間と対等な単位にしたとき、２乗項がマイナスになるというのは、時間というものが虚数だと考えることもできる。人は空間を自由に移動できる（体感できる）のに対し、時間は、人の意思とは関係なく流れてゆき見えない（体感できない）のは、このためではないのか、という考えもできる。（が、これはかなりＳＦ的発想なので、そう思いこまないように。）

さて、τ とはなんであろうか。ここでは、各々の慣性系の座標原点から事件（時間も含めた）への隔たり、と捉えておこう。

なにはともあれ、位置（事件）の４元量が定義できた。

位置（事件）の４元量　(x, y, z, ct)

である。そしてここに不変定数 c が出てきたのだ。

さて、次章では、かの有名な　$E=mc^2$　を考えよう。特殊相対論というと、かならずこれをいう人が多い。しかし、意外とこれを導く方法を知らない人が多い。相対論に多少とも関心のあるあなた、ちょっと考えてみてほしい。どういうアプローチでこれを証明するだろうか？

6. ローレンツ変換と時空距離

まずおことわりしておく。実は、この項は、「わかってしまう相対論」を一応完成させた後に追記している。前項を読んで、何の疑問も持たなかった人は、この項を読み飛ばして構わない。ここを読まずに先へ行っても何も問題はない。

ただし、4次元のピタゴラスの定理は、本当に自明なのか、という疑問が芽生え、放置できなくなった人に限りこの項をじっくり読んでいただきたい。

3次元のピタゴラスの定理は、この3次元空間に存在する私たちにとって自明な定理である。一定の長さを持った棒は、この宇宙のどこに持って行こうと同じ長さを持つということを式で表したにすぎない。

しかし4次元のピタゴラスの定理はどうだろうか。前項で私は、時間を含めた事象の隔たりが普遍量になる、と書いた。

読者としては、ここは大いに不満を持って然るべき場所である。昨日の東京の出来事と一昨日の大阪の出来事の隔たりは、この４次元時空のどこに持って行っても同じだ、ということが自明の理として認められる人がいたら、逆に私は驚くだろう。

正直に白状すれば、私は前項で大事な説明をすっ飛ばしたのである。ただし理由はあって、この説明を始めるとちょっと時間がかかる上に少なからず数式が出てくるのだ。読み進める上で躓（つまず）きになると思い最初は書かなかったのである。

だが、この疑問を放置したまま「わかってしまう相対論」を完結させるわけにはいかない。ということで、私はこの項で以下の２点を語ることにする。

（１）ローレンツ変換の意味
（２）４次元のピタゴラスの定理が成立する理由

少々長くなるがお許しいただきたい。ただ、この項を制覇すれば、特殊相対論は理解出来たと思っていただいてかまわない。

(6-1)座標変換

座標とは、時空間で、ある特定の場所、特定の時間を指し示す数値の組のことである。難しく考えることはない。前項で登場した（x, y, z, ct)がそれである。

ところが、座標の書き方というのは一種類ではないのである。直交座標・斜交座標・極座標など、一般には、４次元時空間は、４個の数字の組で様々に表現することができる。

さらに同じ直交座標を使っていても、その座標が回転したり、原点が異なったり、ある相対速度で動いていたりする場合もある。そうなると、二つの座標の間の関係を示してやらないと何かと不便だ。その関係を示す手段を座標変換という。

ここでは、二つの直交座標を使い、その座標が相対速度を持って運動している場合の座標変換を考える。(相対論の話をしているのでこの変換を選ぶのは納得してもらえると思う。)

また、この後の記述では、空間における y と z は変化しないものとして省略する。

(6-2)ガリレイ変換

図7 ガリレイ変換

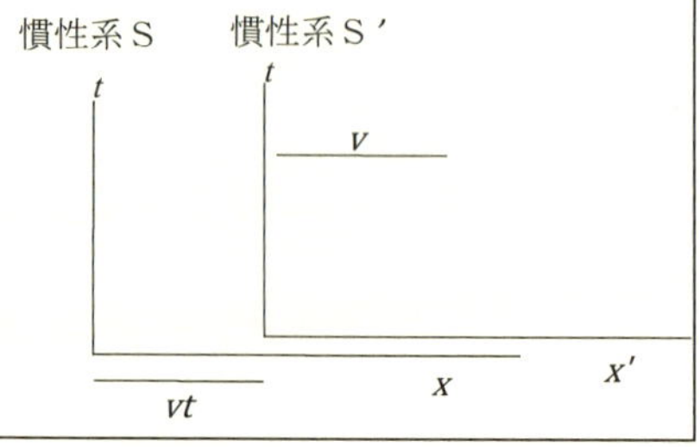

今、慣性系Sを便宜的に静止しているとする。このSに対し速度 v で x 軸方向に走っている慣性系をS' とする。この両座標系にとって同一の事件を、それぞれ、(x, t)、(x', t') とする。この両座標は、$(x, t)=(0, 0)$ のとき、$(x', t')=(0, 0)$ となるように原点を合わせる。

相対論が出るまで(いわゆるニュートン力学)は、この間

の座標変換を

$$x' = x - vt$$
$$t' = t$$

と書き表した。常識的にはこれで納得のはずである。相手がいつどこにいてもこの変換式で相手の座標を自分の座標で書き表すことができる。この変換式を「ガリレイ変換」と呼ぶ。（なぜかニュートン変換ではないのだなぁ。）

ガリレイ変換においては、空間と時間は独立した存在であり、相対速度を持った別の慣性系の長さや時間が変化することはない。空間内では棒の長さはどこにあっても不変であり、時間の流れも、どの慣性系においても変わらない。これを「絶対空間」「絶対時間」と呼ぶ。

(6-3) ローレンツ変換

ところが相対論の出現によって、相対速度を持つ慣性系の間の時間は同じには進まないし、相手の長さも変わることがわかったのでガリレイ変換を一般化して次のように表わさなければならなくなった。

$$x' = A(x - vt) \qquad (1)$$
$$t' = Bx + Dt \qquad (2)$$

つまり、相手の長さ(x')はこちらの長さと時間($x - vt$)に依存し、相手の時間(t')も同様というわけだ。

さて、では係数 A, B, D を求めてみよう。前項で次の式が出てきたことを思い出してほしい。

$$x^2 + y^2 + z^2 = (ct)^2$$
$$x'^2 + y'^2 + z'^2 = (ct')^2$$

光速が不変なので、異なる慣性系（ＳとＳ′）でこれが成立する。今は、yとzを省略しているので

$$x^2 = (ct)^2 \quad (3)$$
$$x'^2 = (ct')^2 \quad (4)$$

を考えればいい。

(4)式に(1)(2)式を代入する。

$$A^2(x - vt)^2 = c^2(Bx + Dt)^2$$
$$A^2(x^2 - 2vxt + v^2t^2) = c^2(B^2x^2 + 2BDxt + D^2t^2)$$
$$(A^2 - c^2B^2)x^2 = (c^2D^2 - A^2v^2)t^2 + (2c^2BD + 2A^2v)xt$$

これが(3)式と等しくなるのだから、この３式を連立方程式として解く（解き方は省略）と

$$A^2 - c^2B^2 = 1$$
$$c^2D^2 - A^2v^2 = c^2$$
$$2c^2BD + 2A^2v = 0$$

$$A = D = \frac{1}{\sqrt{1-v^2/c^2}}$$

$$B = -\frac{v/c^2}{1-v^2/c^2}$$

このようになる。これを(1)(2)式に戻すと

$$x' = \frac{x - vt}{\sqrt{1-v^2/c^2}} \qquad (5)$$

$$t' = -\frac{-vx/c^2 + t}{\sqrt{1-v^2/c^2}} \qquad (6)$$

がいえる。これをローレンツ変換というのである。はなはだ複雑であるが、この変換を使えば光速度一定の条件下で相手の座標を自分の座標で書けるのである。

さて、これから手品を行う。だまされないようによく見ていてもらいたい。

まず、ローレンツ因子をγと書く。

$$\gamma = \frac{1}{\sqrt{1-v^2/c^2}}$$

次に、光の走る距離 ct を w と書く。するとローレンツ変換は次のように書ける。

$$x' = \gamma\left(x - \frac{v}{c} w\right) \tag{7}$$

$$w' = \gamma\left(-\frac{v}{c} x + w\right) \tag{8}$$

更に、v/c も β とおいてしまうと、

$$x' = \gamma(x - \beta w)$$
$$w' = \gamma(-\beta x + w)$$

となる。時間と空間の間には、このように美しい対称性が現れるのである。

(6-4)直交座標と斜交座標とローレンツ変換

若干余談になるかもしれないが、知っておいて損のない話をする。それは、静止系をガリレイ変換の直交座標で表したとき、相対速度を持った系（つまりローレンツ変換で求められる系）がどのように表現できるか、という話である。

まずは静止系（自分だと思えばよい）を直交座標で表す。そして相対速度を持った系の座標軸が直交座標に対してどうなるのかを見るには、相対速度系の座標軸を直交座標にプロットして見ればよい。元の直交座標に対してどんな座標が現れるか興味深いところである。

その前に、ローレンツ逆変換を求めてみよう。
ローレンツ変換は以下である。

$$x' = \gamma(x - \beta w)$$
$$w' = \gamma(-\beta x + w)$$

この逆変換は、

$$x = \gamma(x' + \beta w')$$
$$w = \gamma(\beta x' + w')$$

となる。（難しくないから自分で計算してみてね）
さて、ダッシュ（′）系の x 軸は(1, 0)、w（ct）軸は(0, 1)で示すことができる（原点は当然(0, 0)である）ので、これをローレンツ逆変換に代入して

$x' = 0$、$w' = 0$ なら $x = 0$、$w = 0$ （原点一致）
$x' = 0$、$w' = 1$ なら $x = \gamma\beta$、$w = \gamma$ （w軸）
$x' = 1$、$w' = 0$ なら $x = \gamma$、$w = \gamma\beta$ （x軸）

と求まる。具体的に値を決めてみよう。

ここでの

$$\beta = 0.4 = 2/5$$

としてみると

$$\gamma = 1/\sqrt{1-(2/5)^2} = 5/\sqrt{21}$$

となるから、　x軸は、$(5/\sqrt{21}$、$2/5)$と原点を通る。w軸は、$(2/5$、$5/\sqrt{21})$と原点を通る。

具体的には図８を見てもらいたい。

静止系（直交座標）から見ると、相対速度を持って動く系は、斜交座標になることが証明された。

時間軸に、$w = ct$ を採用すると、非常に対称的で美しいグラフになる。

ちなみに、相対速度が大きくなるほど座標は、光の軌跡に近づく。相対速度が光速になると、x軸と w軸は光の軌跡に重なり、時空間が消滅する。

図8　ローレンツ変換

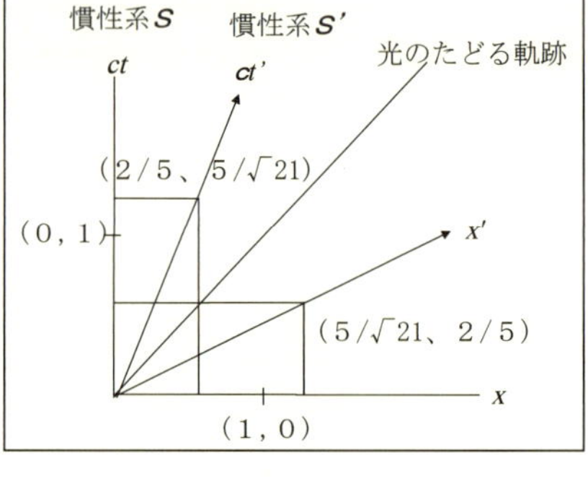

(6-5)時空距離

ここまで延々と数式ばかりで少々お疲れと思う。しかし４次元のピタゴラスの定理を納得してもらうには、ローレンツ変換を説明せざるを得なかったのだ。

ただし、細かいことは忘れてよい。最後の式

$$x' = \gamma(x - \beta w)$$
$$w' = \gamma(-\beta x + w)$$

これだけを、受け入れてもらいたい。

それぞれの式(x')と(w')を二乗してみよう。

$$x'^2 = \gamma^2(x^2 - 2\beta wx + \beta^2 w^2)$$
$$w'^2 = \gamma^2(\beta^2 x^2 - 2\beta wx + w^2)$$

ここで上式から下式を引く。$2\beta wx$は相殺され、

$$x'^2 - w'^2 = \gamma^2((1-\beta^2)x^2 - (1-\beta^2)w^2)$$

となる。ところが$(1-\beta^2)$というのは定義から、$1/\gamma^2$ なのだから、γも約分されてしまい、結局

$$x'^2 - w'^2 = x^2 - w^2$$

である。省略されていた y と zを追加し、$w=ct$ を考慮すれば、

$$x'^2+y'^2+z'^2-(ct'^2)=x^2+y^2+z^2-(ct^2)=\tau^2$$

（普遍量）

が出てきて、私は、ほっとするのである。

３次元空間内の棒のように、４次元時空の棒は直感では捉えられない。４次元時空の棒の両端は、二つの事件（イベント）の隔たりである。これを時空距離と呼ぶことにする。

４次元のピタゴラスの定理は、この時空距離が不変であることをいっている。「何の距離が不変なんだ？」と頭を捻っても腑に落ちる情景は描けない。それは、４次元のうちの時間軸が我々に見えないからであり、時間軸内を空間のように移動できないからである。

４次元のピタゴラスの定理において、$(ct)^2$の項だけがマイナスの符号になっているのは、時間というものが虚数であることを示しているのかもしれない。虚数は実世界で観測できない。私たちは、ただ空間の変化が過ぎ去るのを見るのみである。

しかし、その見えない時間に光速度を掛け、二乗してやると、それは負の実数として現れ、時空距離を不変に保つ要素となるのである。

最後に整理しておく。

アインシュタインが仮定したのは二つ

（１）光速度不変の原理
（２）特殊相対性原理

だけである。

しかし、この二つの原理だけから、相対速度を持つ異なる慣性系間での、相手の時間の遅れ、相手の距離の縮みが導かれ、ローレンツ変換により相手の座標を自分の座標で記述できる。更にローレンツ変換は、時空距離が普遍量であることを証明する。

直感や常識では受け入れることが難しいかもしれないが、光速度が不変で、絶対静止が定義できないこの宇宙では、これが真実なのである。

第2章のまとめ

アインシュタインは考えた。

光速度を一定値にさせるところのものが、この宇宙なのではないか？

で、それを元に二つの原理を提唱した。

（１）光速度は、いかなる慣性系から測定しても同じである。（光速度不変の原理）
（２）いかなる慣性系でも、物理現象は同じである。（特殊相対性原理）

どんな立場にいる人にも、等速運動している限り、光速は同じ、ということ。

したがって、どんな人も、立場が違えば、長さ（空間）と時計（時間）の両方が、同一でなくなる、ということ。

空間（x, y, z）と、時間 t をえこひいきなく仲間にして、

$$4\text{元位置}\ (x,\ y,\ z,\ ct)$$

を考えよう。

このとき、４次元時空間のピタゴラスの定理は、

$$x^2 + y^2 + z^2 - (ct)^2 = \tau^2$$

である。

第３章　質量はエネルギーである

1. $E = mc^2$

おそらく、特殊及び一般両方の相対性理論で、最も有名なのが、「質量＝エネルギー」であろうと思う。
「質量＝エネルギー」を知らない人も、「$E = mc^2$」といえば、聞いたことくらいあるはずである。

それほど有名な、「$E = mc^2$」であるが、意外と、簡単にこの式を導く方法に触れた啓蒙書が少ない。もちろん専門書には、それなりに証明式はあるのだが、相対論の入門書のような本では、これを説明せずに、いきなり金科玉条のように持ち出すものが多い（ように思う）。まるで、「$E = mc^2$」は、黄門様の印籠のようである。
「ええーい、$E = mc^2$ をなんと心得る、頭が高〜い、控えおろう！」というところである。

しかし、これは、かなり不親切なことなのだ。私も、大学の講義で「$E = mc^2$」の証明式は習った覚えがあるが、初心者向けの説明法を、この文章を書き始めるまで知らなかった。こいつは大変だ。これを、初心者に納得してもらえなければ、

「わかってしまう相対論」などという、まことしやかなタイトルの文章を書いている意味がない、とさえいえるほどである。そういうわけで、いろいろ考えてみて、一番納得してもらえそうなものを発見した。それが、第２章の最後に書いた、「４元位置」なのである。

覚えているだろうか？　空間と時間を結びつける４元位置は、(x, y, z, ct) である、というのがそれであった。これを、他の物理量に当てはめて、拡張すれば、素直に「$E = mc^2$」にたどり着くことに気がついた。

この章では、その説明を試みるわけであるが、はじめに結論をわかってもらっておいたほうが良いと思う。

みなさんは、「質量保存の法則」というのを、中学のころ習ったと思う。そして同じころ「エネルギー保存の法則」というのも習ったはずである。ところが、「質量はエネルギー」である、ということは、「質量はエネルギーに変わるし、エネルギーは質量に変わる」ということと同義なので、厳密にいうと、「質量もエネルギーも保存しない」ことになる。これでは大混乱必至なので、「質量は、エネルギーの一形態である」と考えて、「エネルギー保存の法則」が正しく、「質量は保存しない場合（エネルギーに変わってしまう）がある」と説明しておこう。

質量がエネルギーだなんて、そして、「質量保存の法則」が嘘だなんて、聞いたことがないぞ、という人も多いと思う。

しかし､現実には､一般にエネルギーが発生している場合､その源は質量なのだ。

このように断言してしまうと、「質量はエネルギーである」ことを知っていた人もちょっと不安になるかもしれない。

しかし、中学のころ習った「どんな化学反応においても、反応前の物質の質量の総和と反応後の物質の総和は等しい」というのは間違いなのである。「中学の理科では、嘘を教えているのか？」と、疑問を持つ人もいると思うが、厳密にはそのとおりなのだ。

余談

わたしたちは、高校物理でも、いわゆるニュートン力学しか習っていない。「相対論」と「量子論」がすっぽり抜けている。細かく教える必要はないだろうが、存在することくらいは教えるべきだと私は思う。なぜなら､「理科」でなく独り立ちした「物理学」とは、高校で縁が切れてしまう人も多いはずで、その人たちは厳密にいえば宇宙の真実を知らないままなのだ。

閑話休題。

どんな化学反応においても、結果として熱（エネルギー）を発する場合、反応前と反応後の質量の総和は反応後のほうがわずかに小さい。逆に、その反応が熱を奪う（温度を下げる）反応であれば、反応後の質量のほうが大きい。

えっ！　と思う人が多いはずである。質量がエネルギーに変わる、と思っていた人でも、それは、核反応でしか起こらないと思っていたであろう。しかし違う。エネルギーが発生するときは、必ず質量が失われている。逆にエネルギーが失われた場合は、その分質量が生まれている（化学反応程度では極微量なので、「質量は保存する」と教わるが、正しくは「質量保存則」と「エネルギー保存則」はふたつでひとつの法則なのである）。

というわけで、「$E = mc^2$」は、精密な実験により確認された事象である。今のところ、これを否定する実験結果は出ていないので、特殊相対論は生き残っている。この事実を知らずに、特殊相対論を否定することはできないのだ。

ただし、この事実は認められても、「$E = mc^2$」などという極めてシンプルで美しい関係が、質量とエネルギーの間に成立することを疑問に思うへそ曲がりも、たまにいる（私などは、シンプルで美しいほうが信用できるのだけれど）。

それについて、これから説明する。そして、エネルギーとは何か、質量とはなんなのか、についても触れていくつもりである。

2. 固有時間

特殊相対性理論により確認されたことのひとつに、「慣性系同士の間に相対速度がある場合、一方の時間と他方の時間とは別のものになる」という結論があったことを思い出してほしい。相手の時間がローレンツ因子をかけた分遅れるという有名な結論である。（しかも、物体間には相対速度しかないので、互いに、相手の時間が遅れて見えるという真っ当な常識人には、信じがたいことが突きつけられる。）

どうも、この話を持ち出すと不安になる人がいる。生まれて物心ついてから、少なくともみんな同じ時を過ごしている、ということを疑った人はいないはずだ。ましてや、愛する恋人とあなたが、違う時間にいるなんて耐えきれないことであろう。だから、時間が違う、ということには、みんな不安を感じてしまい、それが特殊相対論が万人に簡単には受け入れられなかった要因であると思われる。

しかし、心配してはいけない。あなたと私の時間の違いが、無視できないほど大きくなるのは、互いの相対速度が光速度の 99.999%を超えたあたりからであり、そうなれば、ふたりは秒速 299789Km くらいの相対速度で運動しているので、とてもじゃないが腕を組んでデートするような恋人同士ではいられないだろう。

ことほどさように、他人と自分との時間の進み方が異なると、不安なだけでなく、いろいろ不便である。そこでなんとかみんなが使える時間の基準を考えられないものか、ということで、思いだしてほしいのは、４次元時空間のピタゴラスの定理だ。

$$\tau^2 = (ct)^2 - x^2 - y^2 - z^2$$

である。なに、第２章で出てきたのと式が変わっている？　よいのだ。τは、もともと不変量として定義したものだから、符号をひっくり返したものと同じといってもなんら問題はない。

なぜこんな書き方をしたかというと、$(ct)^2$の項が重要なので符号をプラスにしておいた方が理解が容易なためである。

上の式で、x、y、zがゼロであるとする。これは、時間 t の間に物体が（他の物体から相対的に）動かなかったことを意味する。すると何がいえるか？

$$\tau^2 = (ct)^2$$

であることは、明白である。そうすると、

$$\tau / c = t$$

となるではないか。もともとτは不変量として定義したのであり、これを定数光速度cで割ると、あなたと私の時間の違いは、τ/c という不変量になるのである。そこで、τを、「固有時間」と呼ぶことにする。もちろん、τは、3次元空間でいうところの「棒の長さ」を4次元空間に拡張した「二つの事件の間の時空距離」ともいうべきものだから、慣性系が変われば、違う値はとるが、とにかく4次元時空間の事件の間の不変量には間違いない。そこでτを「固有時間」にしたわけである。（私個人的には、τ/c を「固有時間」と呼んだ方がよいように思うのであるが…。）

t は、あなたと私で進み方の異なる時間である。しかしどんなときでも、τ/cは、あなたと私にとっての不変量なのである。τ/cは、それぞれの点にくっつけた、みんなで使える時計であるといいかえてもよい。つまり、みんなで使えるたった一個の時計は存在しないが、それぞれの系で管理できる時計が存在するのだ。アインシュタインはこのことを「私は全宇宙に時計を置いた」と表現した。

さて次回は、少々数学を使う。といっても中学生の数学だからご心配なく。$E=mc^2$までは、もう少々かかる。どうやって求めるか推理しながら読むと楽しいかもしれない。

3．4元速度

しつこいようだが、時空間における４元位置は、

$$(x、y、z、ct)$$

であった。同様に４元速度を

$$(u_x\ ,\ u_y\ ,\ u_z\ ,\ u_w)$$

とおく。（ついでに、$w=ct$としておいた）

時空間のピタゴラスの定理は、τ という不変量（固有時間）を導入して

$$\tau^2=w^2-x^2-y^2-z^2$$

と表したのであった。４元速度は、時空間距離を固有時間で割ったものと考えれば、不変量なので、両辺を（τ^2）で割っても問題ない。

$$1=(w/\tau)^2-(x/\tau)^2-(y/\tau)^2-(z/\tau)^2$$

それぞれの二乗項の中身は、同じ単位同士の割り算なので、ノーディメンジョン（無単位）である。そこで両辺に光速度 c の二乗を掛ける（なにしろ、光速度はこの宇宙では、どんな慣性系から測定しても同じだからこういう場合便利なのである）。

$$c^2=(cw/\tau)^2-(cx/\tau)^2-(cy/\tau)^2-(cz/\tau)^2$$

これで、めでたく二乗項の中身は全て速度の単位になった。これで４元速度は、

$$u_w=c(w/\tau)、u_x=c(x/\tau)、$$
$$u_y=c(y/\tau)、u_z=c(z/\tau)$$

となる。

次に、もう一度時空間ピタゴラス式にもどり今度は、両辺を　w^2 で割ると、$w=ct$ を考慮して

$$(\tau/w)^2=1-\{(x/w)^2+(y/w)^2+(z/w)^2\}$$
$$=1-1/c^2\{(x/t)^2+(y/t)^2+(z/t)^2\}$$

となり、｛　｝の中は通常の物体の速度の２乗となるので、これを v で表し

$$(\tau/w)^2 = 1 - (1/c^2)(v_x^2 + v_y^2 + v_z^2)$$
$$\therefore\quad (\tau/w)^2 = 1 - v^2/c^2$$
$$\therefore\quad \frac{\tau}{w} = \sqrt{1 - v^2/c^2}$$

ここで、分子と分母をひっくり返す。

$$\frac{w}{\tau} = \frac{1}{\sqrt{1 - v^2/c^2}}$$

さて、右辺は、どこかで見たことがないだろうか。そう「ローレンツ因子」になっている。

なんだかだまされたような気がするかもしれないが、

$$u_w = c\,(w/\tau) = c \times (\text{ローレンツ因子})$$

になる。ついでに、

$$u_x = c(x/\tau) = c(w/\tau)(x/w)$$
$$= c \times (\text{ローレンツ因子}) \times (x/ct)$$
$$= (\text{ローレンツ因子}) \times v_x$$

y、zも同様に計算できる。いちいち（ローレンツ因子）と書くのも面倒なので、これをγで表す。

結論、4元速度（u_x, u_y, u_z, u_w）は、

$$u_x = \gamma v_x$$
$$u_y = \gamma v_y$$
$$u_z = \gamma v_z$$
$$u_w = \gamma c$$

である。

嗚呼、なんと美しい！

4.「質量」と「エネルギー」

本章のタイトルは、「質量はエネルギーである」である。1項で、なんだかんだと「保存則」を絡めて話をしたのであるが、実はまだ「質量」および「エネルギー」をきちんと説明していない。それほど、"$E = mc^2$"が有名なわけで、なんとなく、質量はエネルギーだ、といわれても疑問を持たずに受け入れている人も多いのではないかと思う。特に、質量については説明できても、エネルギーって何だ？　と問われると意外と言葉に詰まる人が多いのではないか。そして、多分、質量のほうも、半分しか理解していない人が多いと、私は考えている。

さて、最初の問題は「質量」である。「質量」ってなんだ？
「簡単だ、重さのことだろう」と答えた人、実は、半分しかあっていない。「重さ」というのは、万有引力に起因する「重力質量」のことである。言いかえると、万有引力によって物体同士が引き合うときの基準となる量である。
だから地球上で測った６Kg 重の物体は、月で測ると１／６の１Kg 重になるのだ。Kg 重（いわゆる重さ）という単位は、測る場所によって変わる可能性がある。だが、「重」をとったKg という単位の量はどこで測っても変わらない単位だ。いうならば重力による引かれやすさを量で表したものだ。

これに対し、「慣性質量」というものがある。「慣性質量」とは、力を加えたときの動き難さを量で表したものである。同じ大きさであっても、鉄の玉と発砲スチロールの玉では、突っついたときの動き難さは、鉄のほうが大きい。これは経験で知っているだろう。そして、この場合の「慣性質量」もKg という単位なのである。

「重力質量」と「慣性質量」は上記のように定義が全く異なる。だから同じものかどうか本当はわからないのだ。
ただ、いかなる実験をしても、「重力質量」と「慣性質量」の違いが見つからないのである。（ちなみに、アインシュタインの一般相対論は、この「重力質量＝慣性質量」を前提に出発する。）
というわけで、「質量」には二種類あるのだが、この読み物では、「重力質量」＝「慣性質量」として話を進める。

次に「エネルギー」とはなんであるか？

力学では、「エネルギー」とは「仕事」と同じであるとされ、「力」×「距離」と定義される。物体に対して、どのくらいの力でどれだけの距離動かしたか、という量のことである。物理的な意味で仕事をする、とはそういうことなので、例えば、40Kg の石を持ってだまって立っていたら、何時間これを続けても、仕事をしたことにならない。「でもすごく疲れるじゃないか！」といわれても、それは人間の生理的な問題であって、事情は台の上に石をのせているのと同じこと、なのである。

「力（F）」＝「質量（m）」×「加速度（a）」という有名なニュートンの「運動の第３法則」に出て来るように、力とは、質量を持つ物体を加速させるものである。（この場合の質量は、「慣性質量」だね。）

だから、「エネルギー」は、「質量」を持った物体の運動を「加速」させながら、どのくらいの「距離」動かすか、という量になる。

単位でいうと

「力」＝「質量」×「加速度」：Kg・m／s^2→N（ニュートン）
「距離」：m（メートル）

なので

「エネルギー」＝「力」×「距離」：

$$\mathrm{Kg}\cdot \mathrm{m}/\mathrm{s}^2 \times \mathrm{m}=\mathrm{Kg}\cdot \mathrm{m}^2/\mathrm{s}^2$$
$$=\mathrm{Kg}\cdot v^2 \rightarrow \mathrm{J}\ (\text{ジュール})$$

という。

ニュートンもジュールも人名なので、「ニュートンは力持ち、ジュールは仕事好き」ということになるのかな？

まあここでは、「力」＝「質量」×「加速度」、「エネルギー」＝「質量」×「速度の二乗」と覚えておこう。

以上、これ大事。よーく覚えておかないと、次の項が（？）になってしまう。

5. 4元運動量からエネルギーへ

ここで新たな物理量、「運動量」が登場する。「運動量」の定義は、「質量」×「速度」である。この量は、物体の衝突のときに、よく引き合いに出される。物体が何かに衝突するとき、相手に与える衝撃は、質量が大きいほど強く、速度が大きいほど激しい。これは、経験で誰でも知っている。同じ速さなら、小錦に体当たりされるより、舞の海に体当たりされたほうが、吹っ飛ぶ距離は短いであろう。これは質量の話。

同じ質量なら全力疾走のウサイン・ボルトより、歩いているウサイン・ボルトに体当たりされたほうが、ダメージは小さいだろう。これは速度の問題。

まあ、簡単にいえば、運動量というのは、物体の運動の勢いを量にしたものといってよいだろう。

4元物理量としての運動量（4元運動量）の話をする。

前回の結論として、4元速度（u_x, u_y, u_z, u_w）は、

$$u_x = \gamma\, v_x$$
$$u_y = \gamma\, v_y$$
$$u_z = \gamma\, v_z$$
$$u_w = \gamma\, c$$

が結論であった。（γはローレンツ因子）

今度は、4元運動量(p_x, p_y, p_z, p_w)を考える。

運動量は、速度に質量をかければよいので、(m) を質量として、4元速度に (m) を掛ける。したがって

$$p_x = \gamma\, m v_x$$
$$p_y = \gamma\, m v_y$$
$$p_z = \gamma\, m v_z$$
$$p_w = \gamma\, m c$$

である。ここまでは良いであろうと思う。p_x、p_y、p_zについては、我々のよく知っている運動量に、「ローレンツ因子γ」を掛けたものであるから、これを4次元時空間における運動量と考えることに抵抗はないはずだ。

問題は、p_wである。これは何を意味するのか？

両辺に光速度 cを掛ける。(常套手段である。)

$$c\, p_w = mc^2 \gamma$$

単位はどうなったであろうか。γは、単なる係数なので無単

位である。よって、【質量（m）】×【速度（光速）の二乗】である。これは【エネルギー（E）】の単位だ。

よって、p_wは、エネルギーを光速で割ったものと判明した。

これで証明終わり、である。えっ、何の証明が終わったの？

$$E = cp_w = mc^2\gamma$$

ここで、思い出してもらいたい。ローレンツ因子γは、

$$\gamma = \frac{1}{\sqrt{1-v^2/c^2}}$$

であった。

つまり、物体との相対速度vがゼロであれば、$\gamma = 1$、すなわち

$$E = mc^2$$

である。いやー、あっけなく出てきましたね。

自分に対して静止している物体の質量（これを静止質量といい、m_0で表す）のエネルギーは、m_0c^2で間違いない。

専門書（教科書）では、わざわざ微分など使って、難しい説明をしているものがほとんどであるが、慣性系を扱う限り、速度の変化はないのが前提なので、微分など使う必要はない。

掛け算と割り算で充分なのだ。(これが最もわかり易い説明であると私は自負している。) 4元運動量の4番目の次元を式で表せば次のように書ける。

4元運動量$(p_x, p_y, p_z, E/c)$

あまりに簡単すぎて、信用できない？　そういう人多いんですよ。私の知ってる人にも、「原子力を知っているから、エネルギーが質量に比例することは認める。しかし、こんなに簡単に、その比例定数が、c^2になるのは、認めん！」というへそ曲がりがいた。他の相対論の入門篇は、どうもそういう輩を納得させるために、わざわざ難しい説明をしているのではないか、と疑ってしまう。4元速度では、ちょっと苦労したかもしれないが、あそこが理解できればあっという間に、$E = mc^2$は出てきてしまうのだ。(本当は、ここでこの項を終わってもよいのだが、以下は補足である。)

質量がエネルギーであることを、証明するには上記で充分なのだが、次の式

$$E^2 = (mc^2)^2 + (pc)^2$$

を求めることを、同時にやろうとするから、話が複雑になる。"$mc^2\gamma$"を2乗して展開すると上の式になることを、暇な人は計算してね。(私は、一応確かめました。)

実は、この式のよいところは、vがcより、充分小さな場合、次の式で近似できる、ということによる。

$$E \fallingdotseq mc^2 + \frac{mv^2}{2}$$

この式の第２項が、アインシュタイン以前の物理で、運動エネルギーと呼ばれたことは、ご承知であると思う。

一般には、下記（再記）

$$E^2 = (mc^2)^2 + (pc)^2$$

が、エネルギーの正式な書き方となっていることは、知っておいたほうがよいかもしれない。

6. 諸々（もろもろ）

ここまでを振り返ってみよう。

４元位置で空間（x、y、z）に対応する４番目の次元は時間 t であった。これがアインシュタインの発想である。そして光速度 c は、この宇宙で絶対不変なので、単位あわせの目的として、式の両辺に掛けたり、割ったりしても問題ない量である、というのもアインシュタインの発想（光速度不変の原理）であった。

ここからは、上記の展開（応用）で、

$(x,\ y,\ z,\ ct)$　：位置
$(\gamma v_x,\ \gamma v_y\ \ \gamma v_z\ \ \gamma c)$　：速度

（γp_x, γp_y, γp_z, E/c）：運動量

が導かれ、各々、４次元のピタゴラスの定理が成立する。

つまり（位置）に対する４番目の次元（時間）は、（運動量）に対する４番目の次元（エネルギー）と対称な関係となる。

さて、しつこいが、ローレンツ因子γは

$$\gamma = \frac{1}{\sqrt{1-v^2/c^2}}$$

であった。これの意味するところは、以下になる。

（１）物体の相対速度vがcより充分小さいときは、γは、ほとんど、１になる。
（２）したがって物体の相対速度vがcより充分小さいときは、アインシュタイン以前の古典物理量で近似できる。
（３）物体の相対速度vがcに近づくほど、γは大きくなってゆく。
（４）物体の相対速度vがcとイコールになったら、γは無限大となる。
（５）したがって、物体は、事実上光速度になることはできない。

大事なのは（５）である。思い出してほしい。

① 相対速度を持つ物体の長さは、静止しているときの１／γ倍に縮む
② 相対速度を持つ物体の時計は、静止しているときのγ倍に遅れる
③ 相対速度を持つ物体の質量は、静止質量m_0のγ倍に大きくなる

上記③については、説明が必要かもしれない。運動量の４番目の次元（エネルギー）は、

$$E = m_0 c^2 \gamma \quad (m_0\text{は、静止質量})$$

であった。相対速度 v が大きくなってゆくと、エネルギーEも増大する。これは見方を変えると静止質量m_0がγ倍になってゆくことを意味する。

したがって、ここまで出てきた全ての物理量は、光速になるとみんなおかしくなるのである。

① 長さ：ゼロになる。（物質の進行方向につぶれてしまう？）
② 時計：進まなくなる。（静止状態でもないのに停止して見える？）
③ 質量：無限大になる。（いくら力を加えても動かなくなる？）

よって、全ての物体は、光速度にはなれない。すなわち光速度が宇宙で一番速い速度であり、何者もこれを越えること

はできない。不思議だけれど、そういう結論になる。

この宇宙では、光だけが特別なのである。なぜ？　観測の結果そうなる、としかいえない。

つまり、質量を持つ物質は、光速になる前に、光になってしまうといえないか？　私はそう考える。だから、質量はエネルギーに変わるのであり、究極のエネルギーは、光だ、という結論になる。

実感してみよう。

１円玉（１グラム）を全て、エネルギーに変えたらどのくらいになるか？

$E=mc^2$に当てはめる。１グラムは、1/1000Kgであり、光速は300000Km／秒＝300000000m／秒だから、

$$E=1/1000*(300000000)^2=9\times10^{13}$$（Ｊ：ジュール）

あまりにも大きすぎて実感がわかない？　私もそうである。

エネルギーの単位にカロリー(cal)というのがあるのは知っていると思う。１calは、1ml（1グラム）の水を１℃上げるのに必要な熱量（エネルギー）である。これなら実感がわくかもしれない。換算してみよう。

１（Ｊ）＝１／4.18605（cal）なので、

9×10^{13}（Ｊ）≒2.15×10^{13}（cal）

数値だけでは、まだ実感がわかない。ちょっと数値の見方

を変えて、$100 \times 215 \times 10^9$（cal）と書き換えてみよう。$10^9$ グラムの水とは、どのくらいの量であろうか。

一辺１ｍ の水は、10^6 グラム（＝１トン）であるから、10^9 グラムとは、一辺 10ｍ の水の立方体である。

ということは、$100 \times 215 \times 10^9$（cal）とは、０℃の一辺 10ｍ の水の塊、二百十数個を一度に沸騰させるエネルギーということになる。すごい！　これが１円玉１個のエネルギーなのだ。（ちなみに、これは石油を 10 万トン燃やしたエネルギーに相当する。）

実は、広島・長崎に落とされた原爆の質量欠損（質量がエネルギーに変わった分量）が約１グラムなのだ。１円玉２個で日本は降伏に追い込まれたことになる。

こんなエピソードがある。

日本で原爆が使われたことを聞いたアインシュタインは、ドイツ語で「オー・ヴェー！」と叫んだ。英語の「Oh my God！」であろうか。原爆によって、$E = mc^2$ が実感できたというのは、人類にとっても、まさに痛ましいことである。

第４章　特殊から一般へ

1. なんか変じゃない？

特殊相対論から、一般相対論へと話を移す前に、これまで書いてきたことの補足をしておこう。

第２章　１項で私は次のように書いた。

> 光がエネルギーを持った粒子であると考えると説明がつく。
> つまり、光とは波長に対応したエネルギーを持った粒子の性質をもったものなのだ。

「光電効果」のところで出てきた話で、

> アインシュタインは決して、光を粒子だとはいっていない。波長に応じたエネルギーを持つなにか、つまり光量子だといったのである。なに、詭弁だって？

ともいって、そのあと何となく話をはぐらかしたのであった。ちゃんと説明しておこう。

質量の定義には、「慣性質量」と「重力質量」とがあってその両者に違いが見つかっていない、と書いた。

光は、「慣性質量」は持たないが、どうも「重力質量」は持っているらしい、ことになっている。つまり、

① 光には「慣性質量」はない。なぜなら「（静止）質量」がないからだ。なぜ？　事実が証明している。

　光は常に光速度で走るのであり、静止できない。よって、少なくとも慣性質量は持ち得ない。

　「わからない」のではなく「無い」のである。

② 光もどうやら落ちるらしい、ということが一般相対論のほうから出てくる。そうなると光は「重力質量」は持つらしい、ということがいえる。（ところが、この重力というのがやっかいで、これは一般相対論で話すことにする。）

とりあえずの答え、光の質量は無い。ゼロだとしている人もいるが、止めようがないんだから「無い」というのが正解と私は思う。

第３章の６項で私は次のように書いた。

> つまり、質量を持つ物質は、光速になる前に、光になってしまうといえないか？

これも誤解を招きやすい表現であった。

正しくは以下である。

質量を持つ物質は、限りなく光速に近づくことはできても、光速にはなれない。なぜなら、質量が限りなく無限大に近づき、それ以上いくら力を加えても加速しなくなるからである。

だが、加速の問題は、一般相対論の範疇なので、なるべくなら触れたくなかったのである。

ただし、物質が高エネルギー（光速に近い速さ）で、他の物質の近く（本当は、「電磁場」といいたいのだが、「電磁場」を説明し出すと長くなるので、そのうち説明）を通過すると、相互作用（これも話し出すと長くなる、「かまいあい」のことだと思っていてちょうだい）して、光になるのである。長くなる話ばかり出てくるので、上記のように書いた。

第２章の２項で私は次のように書いた。

光速度は、いかなる慣性系から測定しても同じである。（光速度不変の原理）

ところが正確にいうと次のようになる。

光速度は、真空中では、いかなる慣性系から測定しても同じである。（光速度不変の原理）

この「真空中では」という条件を付けると、話がややこしくなるので書かなかったが、実は、真空中でなければ、光の速度は変わるのである。正確には「屈折率 n の透明媒質中で

は光速は c/n（cは真空中の光速）になる」のである。例えば、水の屈折率は 1.333 だから、水中での光の速度は真空中での速度の 75%となる。荷電粒子（例えば電子）は、水中でもほとんど速さが変わらないので、場合によっては、電子が光の速さ（あえて光速とは書かない）を超えることがあるのである。

「光速が変わったら特殊相対論はどうなるんだ！」と思う人へ。

上記の「水中の特殊相対論」はその言葉がすでに矛盾している。なぜ？　水中で、光は周囲の電荷を持った粒子と相互作用（前に、「かまいあい」といった。今回は、「運動量の交換」といっておく）する。光は電子と衝突してこれをたたき出す。したがってこの場合は、「慣性系」ではないのだ。相手の速度を変えれば、それは「加速系」であり、だから特殊相対論での議論である「慣性系において光速度はいつでも一定」は、成立しない。というより、光速は変わっていないのだが、余計な仕事をして、ジグザグに走っているので見かけ上、遅くなると考えればよい。

マックスウェルの電磁気学の結論として、電磁波の速さを計算した有名な式が出てくる。それは

$$c = 1/\sqrt{(\mu_0\varepsilon_0)}$$

であり、μ_0は「真空の透磁率」で、ε_0は「真空の誘電率」。

なんのこっちゃと思うかもしれないが、真空だと上の式で光速度が計算できるのである。「真空の」というのが付くのが

くせもので真空でないと、透磁率・誘電率は変わる。また真空でないと、光の波長によっても透磁率・誘電率値は変わる。（プリズムで、白色光を七色に分けられるのも、この理由である。）

とりあえず、「真空の」場合、上式で計算した c は、実験で確認した光速度と完全に一致する。そして物質中の光速度も、真空でない物質中の透磁率と誘電率で求められるものと一致する。

つまり光も物質中では、その物質と相互作用（道草）をするので、見た目の速度が変わるのだ。

とはいえ、見た目でも、光速度 c が変わるなんて、理屈でなく、感覚的に許せないんだよなあ、と私も思う。

宇宙空間の真空に浮かぶ巨大な水のかたまりに飛び込んだ光を、その水のかたまりの外にいる存在が、あらゆる方向からそれを観測して本当に相対論に矛盾しないか、誰か思考実験してみません？　おかしなことが起こることを予言して、実験でそれが確認できたら、多分ノーベル賞だなあ。（でも、特殊相対論だけではだめですよ、念のため。）

物質中の光は、あくまでその速度を減じるのであり、真空中の光速を超えることはないし、また物質中の光の速さはゼロにはならない（「透磁率」「誘電率」が無限大でないと光は止まらない）ので、相対論には矛盾しない。

２．名問・珍解

この章では、次のような疑問にも答えておこう。もしかすると、特殊から一般へと話を移すためのいい手がかりになるかもしれない。

【ご質問】

「光もどうやら、落ちるらしい、ということが一般相対論のほうから出てくる。」

重力レンズ効果によって光が曲がったり、ブラックホールからは光も出てこられないという、よく（?）いわれる話のことなんでしょうか？

【お答え】

そうです。

ただし、質問そのものの意味が不明な人が多いと思うので以下注記

ブラックホール：

ものすご～く、重い星というイメージがあるでしょう。でも違うんです。

地球もブラックホールになれます。ただし地球を丸ごとビー玉１個分の大きさの中に押し込んでしまわなければなりません。つまり、ブラックホールとは、光でさえ出てこられない密度になってしまった星（物質の塊）である、ということができます。

なぜブラックホールというか？　それは、重力のためその

中に入り込んだもの（光を含む）がいっさい出てこられないからです。この宇宙で質量がなく、最も速い光でさえ出てこられないまでになったもの、つまり何物もでてこられない、吸い込むばかりで、吐き出すことのないものをブラックホールといいます。

地球がビー玉１個分だったように、ある物質の塊がブラックホールになってしまう大きさを、球の半径で現したものを「シュワルツシルドの半径」といいます。地球の例とは逆に、それほど高密度でなくとも大きさが巨大であればブラックホールになれます。この宇宙が、全ての質量から計算されるシュワルツシルドの半径より小さければ、我々のいるこの宇宙だってブラックホールであるということもできます。（はっきりしていませんが、この宇宙の全質量と大きさは、ブラックホールになる条件のぎりぎりのところにあるらしいです。）もしかすると自分たちもブラックホールの中にいるのかもしれない、というのは新鮮な驚きではありませんか？

なぜ月は地球に落ちないか：

プロローグで書きました。ニュートンは、りんごが落ちるのを見て万有引力を思いついたのではなく、なぜ月が地球に落ちて来ないかを考えて万有引力を思いついた、と。ちょっと考えてください。なんで月は地球に落ちて来ないのでしょう？

その答え、落ちているのです。月は地球に向かって落ちている。しかし水平方向に速度を持っているので、落ちた先に地球がない。落ちているんだけれど、地球にたどりつかない。人工衛星もこの原理で地球の周りを回っています。地球が太陽に落ちないのも同じこと。

重力レンズ：

ブラックホールのような星があったとすると、光は、その星の近傍で、星に向かって引き付けられる（「若干落ちる」と言いかえてもよい——月と地球の例参照）。例えば地球から見て、その星の背後にあり、その星にさえぎられて本当は見えないはずの別の星が、そこから来る光が曲がってしまうので地球から見えてしまうような現象を「重力レンズ」といいます。

【ご質問】

ブラックホールの中にひとが無事に生きていたとして、そこには空気が満ちていて、その中のひとが助けを求めて叫んだら、ブラックホールの外までその声（波）は届くのかなぁと。

【お答え】

ものすごいこと考えますね。

でも上記のブラックホールの定義でいうと、もしかするとこの宇宙全体がブラックホールであるかもしれないのだから、その中で人が生きているという表現もあながちナンセンスとはいえません。ただし、シュワルツシルド半径より外には絶対出て行きません、というのが回答かと…。

【ご質問】

光子というのは何なのでしょうか。静止質量が無いにもかかわらず、速度が光速度に限りなく近づいてローレンツ因子が無限大に限りなく近づいた質量というのが、エネルギーになっちゃったというふうな捉え方って、間違ってます？

もし間違っていない場合、「慣性質量」＝「重力質量」であるにもかかわらず、片方は無くて、片方はあるというのがどうも よく判らないのですが。

【お答え】

非常に鋭い質問です。

お答えします。（ここからは、ですます調をやめます。）

光は「重力質量」を持っている、という話は、決して間違っているとは思えない。「重力質量」を定義どおりに受け止めれば、光は、「重力質量」を絶対もっているはずだ。でなければ、光がブラックホールへ落ちるわけがない。

第１章、１項で私は次のように書いた。

光は、地球の周りは回らない。

確かに地球の周りは回らない。が、相手がブラックホールだとシュワルツシルド半径ぎりぎりのところで、ブラックホールの周りを回るかもしれない。多分回るだろう。月と地球との運動が、「重力質量」による現象なら、ブラックホールと光だって同じだろう。

となると、これまで前提としていた「慣性質量」＝「重力質量」は、間違いで、少なくとも光については、「慣性質量」≠「重力質量」なのだろうか？　それ以上に光の「重力質量」はどう観測すればよいのだろうか？

この件については、一般相対性理論で説明する。

気をもたせて以下次章。

第５章　一般相対性理論

1. 序論

本章からは、アインシュタインの一般相対論の話をする。

ただし、一般相対論を、真の意味で理解するには、「リーマン幾何学」という数学を理解しなければならない。

ちなみに、特殊相対論までの数学は、「ユークリッド幾何学」といい、我々がよく知っているものであった。五つの公理・公準から構築される数学で、公理の第１番目は、「同じものと等しいものは互いに等しい」である。

「なんぼなんでもそのくらいわかるわい！」というなかれ。「リーマン幾何学」とは「曲がった時空間」を考えるので、我々があたりまえと思っていることさえ通用しない世界なのである。

そして、「リーマン幾何学」を理解するには、テンソル解析という微分幾何学を理解する必要があるのだが、私はそんなことをここで説明する気はないし、あってもできない。

リーマンとは人名（19 世紀なかばの人）であるが、彼が作ったリーマン幾何学は、彼の生前にはほとんど評価されることはなかった。アインシュタインが一般相対論を記述するのに最も適した数学として、これを発掘したのである。

さわりだけ、ちょっと書くと、「三角形の内角の和は二直角である」というのは典型的なユークリッド幾何学であり、「三角形の内角の和は必ずしも二直角ではない」というのがリーマン幾何学である。そんなバカな、と思う人は、地球上で、赤道の一部を底辺とし、北極を頂点とする三角形を考えてください。底辺が作る二つの角だけで二直角になり、頂角は、０～360度の間で任意だ。わかるでしょう。「リーマン幾何学」は「ユークリッド幾何学」を含む拡張された幾何学なのである。「リーマン幾何学」のなかで、平らな空間のみを扱うのが「ユークリッド幾何学」ということができる。

何をいいたかったかというと、特殊相対論は、「慣性系」を扱うので「特殊」といったのであり、一般相対論は、「加速系」を扱うので「一般」というのだ。「加速系」で加速度がゼロの場合のみ「慣性系」なのである。

さて、要のテンソル解析なしで一般相対論を語ろうとすると、実はとても難しい。というよりも、テンソル解析を用いたリーマン幾何学を一生懸命勉強させて、最後に、「だからアインシュタインのふたつの方程式は簡単に導かれます」という結論を押しつけられるのが、私の経験した一般相対論だった。

しかし一般相対論とは、そういうものなのだろうか？　数学的技術を持ったものだけが理解でき、その他の人は門前払いではなんか変だ。そう、アインシュタインは、先に一般相対論を着想し、それを記述するのに便利な道具として「リーマン幾何学」を採用したのではなかったか。

これから私は、そのような立場で一般相対論の話をする。したがって数学的に厳密には間違ったことを比喩としていうかもしれない。しかし意図的に嘘をつくつもりはないので、それを了解の上、この話を聞いてほしい。

一般相対論のエッセンスを理解できれば、視野は広がる。だが、空想の世界をさまよう恐れも充分にある。

（ただし、一般相対論をちょっとくらい間違って解釈をしても、あなたの人生に影響する要素は極めて少ない。決して間違った人生観を持たないように！）

2.「場」とはなにか？

ここまでの話の中できちんと説明していなかった概念、「場（ば）」というものを知っておこう。

ニュートンの古典力学には、「場」という概念は出てこない。電気や磁気の力は、その伝播速度は無限大、つまり時間を要さずに他の物体へ働く、と考えていた。この、時間なしに働く力を「遠隔力」という。これに対する言葉は、「近接力」である。つまりある物質と別の物質間に力が働くためには、それを媒介する第三の物質が必要であるという考え方である。

20 世紀初頭の物理学界は、ニュートンの「遠隔力」ではなく、「近接力」という概念に傾きはじめていた。既に述べた「エーテル」の概念も、実はこの「近接力」から来ている。

マイケルソンとモーリーにより、光速度が有限かつ一定であることが観測され、さらにアインシュタインによって、エーテルも不要とされた。ここで改めて問い直そう。「光という波」は何を伝わるのだ？

電磁場とは何か、を考えてやると、電場とは、そこに電気を持ったもの（荷電粒子）を持ってくるとその荷電粒子に力がはたらく場所であり、磁場とは、そこに磁気を持ったもの（磁石）を持ってくるとその磁石に力がはたらく場所であるということができる。

アインシュタインは、「時空間とは、電磁波を一定の速さで走らせるところのものである」と説明したのであった。

「場」という概念は、これをそのまま採用した。つまり時空間とは、電磁場である、と。

つまり電磁気力は、有限速度 c の光が媒介する「電磁場」である、と考えたのである。

光自体は、電荷も磁気も持っていない。物質が光を交換することにより、電磁気力が発生する。何だか話が飛躍している、と感じていると思う。当然である。ここには量子力学の概念が入ってきているのだ。だが、これを話しておかないと、後々話が理解しにくくなるので、説明しておく。

電荷を持った粒子（例えば、電子とか陽子）は、その周りの時空間に光をばらまいている。えっ、と思った人、その驚きあるいは疑問は正常である。そんなことをいったら、この世は光だらけになるぞ、と思うだろう。ところが、自分がばらまいた光を捕まえる別の物質がない場合は、光を発した物質自身がその光を吸い込んでしまうのである。光を呼吸するので、エネルギー的に問題はない。

まだ理解の範疇からはずれていると思う。光は、光速度で走るはずだ、何で自分が出した光を自分で吸い込めるのだ、という問いを発することができれば、あなたは、特殊相対論を理解している。

この「?」の光を、「仮想光子」と呼ぶ(英語でいうと、"Virtual Photon")。

先程は光を呼吸する、といったが、あくまで他の電荷を持った物質と出会わないことが前提。現実には、どこかで他の電荷を持った物質と出会ってしまい、その物質が、仮想光子を吸い込んでしまう。だが、仮に電子1個しかこの宇宙にないとしても、その電子の周りは、無数の仮想光子が飛び交っているのであり、その場所を電磁場というのだ。(わかりづらいね)

仮想光子は、電荷を持った物質 A から、無限に遠くまで飛んで行く。で、誰にも出会わなければ、元の物質へ戻る。(特殊相対論で話せば、それには無限の時間がかかる。) だが多かれ少なかれ、仮想光子は誰か B に出会ってしまうので、矛盾が起きない。誰かと出会ってしまうと、その出会ってしまった物質は、仮想光子からエネルギーをもらう。すなわち A

は B にエネルギーを与えた。これが電磁気力の正体だ。

普通の光と仮想光子はなにが違うんだ？　と考えた人、偉い。なんだったら、ここでちょっと考えてみよう、何が違うか。

答え

普通の光を発する物質は有限なエネルギーを発している。当たり前である。電球にしろ太陽にしろ、有限なエネルギーの光を出している。そうでないと…何が起こるかわからない。少なくとも電球の周りに人間は存在できないであろう。

電子一個は、周りの時空間を電場にする。あらゆる方向、あらゆる距離の場所を、継続的に電場にする。

そのために必要なエネルギーは、無限である。それでは話がなりたたないので、誰かと出会ってはじめて存在が許される光を仮想光子と呼んだのである。

納得できない人、普通である。でもこの段階で、話は、一般相対論から外れて量子論の世界になっている。

3．一般相対論の結論

前回は、ちょっと寄り道をして、「場」を考えた。量子論的にいえば、力の働く場所には、その力を媒介する仮想粒子が飛び交っている、という話である。すると、「重力場」があって、そこに、重力を伝える仮想粒子が飛び交っているのだな、と考えた人は、ちょっとすごいかもしれない。だが、その話は相対論の範疇ではない。

さて、アインシュタインが導いた一般相対論の結論の２式を以下に書いてみよう。

【測地線の方程式】（宇宙時空間の最短距離の方程式）

$$\left(\frac{\mathrm{d}^2 x^{\mu}}{\mathrm{d}\tau^2}\right) + \Gamma^{\mu}_{\nu\lambda}\left(\frac{\mathrm{d}x^{\nu}}{\mathrm{d}\tau}\right) \cdot \left(\frac{\mathrm{d}x^{\lambda}}{\mathrm{d}\tau}\right) = 0$$

【重力場の方程式】（質量が空間

$$G^{\mu\nu} = \left(\frac{8\pi G}{c^4}\right) T^{\mu\nu}$$

この２方程式の解が一般相対論の結果である。この式は、数学的には、「連立偏微分非線形方程式」と呼ばれる。

逃げ出したくなったであろう。当然であるが、あわてないで。１項で書いた、「テンソル解析という微分幾何学」が上の二つの方程式なのである。が、実は、これに関しては私も逃げ出したくなるのだ。

これを説明しろといわれたら、多分下書きだけで三年はかかると思うので、私の能力の範囲を超えている。

説明の下書きだけで三年かかるのだから、この方程式を解くとなると、多分私の一生を費やしても追いつかないであろう。

現実に、昔は、この方程式を解くことに一生を費やした人もいるのだ。今は、コンピュータというものがあるので、数値計算というものをコンピュータにやらせようとするわけだが、この方程式に与えるべき初期条件が自明でないので、様々な解が出てきてしまう。

こんなもの説明できるか、というわけで、特殊相対論を説明してきた、初心者にもわかる、というキャッチフレーズは、一般相対論では、捨てなければならない。それとも三年待ってまで、上の方程式を理解したい？

ここは、なにがなんでも、上の方程式は忘れてもらわねばならない。しかし書いてしまった…。
（上の方程式に対する質問は、一切無視するので、そのつもりで。）

4. 一般相対論の二つの原理

前項で書いた方程式が頭から離れないあなた。忠告する。深入りしてはだめだ。「理解の泥沼」にはまる、大学時代に自らそれを体験した私がいうのだから間違いない。

ただし、これだけはいっておかなければならない。アインシュタインは、物理現象を幾何学で表現しようとした、ということである。

幾何学、ようするに、絵を描いて、補助線を引いて、証明する、あの幾何学だ。アインシュタインが、一般相対論でめざしたのは、重力を、時空間の曲がりとして捉えようとしたことであり、テンソル解析という数学は、アインシュタインが、宇宙を絵に描こうとした筆だと思ってもらいたい。なに？やけに重い筆だって？　当然、「重力」の話だもの。

あの方程式は忘れても、一般相対論の枠組みは話すことができる。安心してほしい。

（第１原理）

「重力」と「加速による見かけの力」は区別できない。（等価原理）

（第２原理）

物理法則は、宇宙のいかなる系においても成り立つ。（一般相対性原理）

特殊相対論に二つの原理があったように、一般相対論にも、上記二つの原理がある。

最初の「等価原理」であるが、よく窓のないロケットの話が引き合いに出される。次の二つのケースで、ロケット内にいる人が状況を区別できるか、という話である。

（１）ロケットが、地球上に停止している。

（２）ロケットは、宇宙空間を、9.8m／秒^{2}で加速している。

※（２）はロケットエンジンの振動ないし音があるからすぐわかるというのは無し。思考実験だから。

（１）の場合。地球の重力加速度は、9.8m／秒^{2}だから、ロケットの中にいる人は、下向きに力を受けている。

このシチュエーションは、何の疑問もないだろう。地球上にいる我々と何のかわりもない。

これに対して問題は、（２）である。エレベータにのって上へ行くとき、動き出すときは、体重が重くなったと感じ、止まるときは体が軽くなったと感じたことはないだろうか？（最近のエレベータは優秀なので、あまり感じないように作られているようだが。）実体験が示すように、物体が加速する場合は、加速と逆方向に力を感じる。電車の中に立っていたとき、急に列車が止まると前のめりになるのも同じ。

これを従来は、「見かけの力」と呼んでいた。

だが、どう考えても、両者の違いを発見できそうにない、というので、これを区別する必要はない、としたのがアインシュタインの「等価原理」である。実は、この等価原理が、「慣性質量」と「重力質量」は同じ、ということをいっている。理解できない人はもう一度読み直してほしい。絶対理解できる。

さて、第二原理であるが、これって、「特殊相対性原理」となにが違うの？　と思っている人は多いと思う。特殊相対性原理が、この宇宙に絶対静止系は存在しない、という重大なことをいっていたのを覚えているだろうか。実は一般相対性原理もかなり重要なことをいっている。難しくいうと、「この宇宙のいかなる系も、矛盾無いひとつの理論で記述できる」ということになる。これは、宇宙のあらゆる系を測定する基準となる物理量がある、ということだ。わかって来たでしょう。それは、特殊相対論で、アインシュタインが唯一特別な存在であることを示した「光」なのである。

つまり、光は、この宇宙をかならず最短・最速で走るということを認めてやることである。というよりも光はこの宇宙の最短コースを、他の物質に対し最速でしか走れない、ことをいっている。

何をあたりまえのことをいっているのだと思う人、アインシュタインは、光も重力あるいは加速系では「曲がる」ということを予言したのだ。えっ、いってることが矛盾してるんじゃないか、と思う方、考えてほしい。曲がっていても最短・最速であるケースを。

5. 曲がった時空間

前項の宿題、考えてみた？

そう、曲がっているのに最短コースの話。
まず答えをいってしまおう。

地球で例える。（地球表面は、あくまで２次元の面ではあるが、）経線（南極と北極を結ぶ線）は常に地球上での最短コース（大円という）だが、緯度線（赤道で大円となり、極で点になる）は、赤道以外は全て最短コースにならない。これはわかると思う。

よく御承知の世界地図（メルカトル図法が多い）で、飛行機や船の経路線、例えば、東京とロサンゼルス間を結ぶ線が上向きにカーブしているのを見たことはないだろうか？　あれは、実は遠回りをしているのではなく最短コースを飛んでいる。あの線が、地球上では大円になるのである。

地球上は、球面であり平面ではない。これを無理矢理平面の地図にするから、上記のような錯覚を生ずる。

さて､同じように空間も平空間(こんな言葉はないよ！　正確にはユークリッド空間という）でなく曲がっていたらどうなるか？　おそらく真っ直ぐに引いたはずの線が曲がって見えるであろう、と想像できる。

真っ直ぐに引いた線とは何か？　そう、アインシュタインはそれを、「光」であるとしたのである。

ちょっと余談になるかもしれないが、今上に書いた「光」というのは､何となく粒子をイメージすると思う｡ところが、特殊相対論のところ（第１章の２項）で、光は波（電磁波）である、といったのであり、それを覆すことなく、特殊相対論の説明をして来た。それが一般相対論に入ると、いきなり「光」は直線だ、といい切っているので、とまどった人がいたら、鋭い。

実は、第４章で、ブラックホールの話を挟んだので、私の頭の中で電磁波の量子化が起きてしまった。「量子化」とは、粒子を波に、波を粒子にすることである。つまり光に限らず、素粒子は、波として測定すれば波、粒子として測定すれば粒子という二面性を持つことを認めてやることである。これが量子力学の第一歩だ。

アインシュタインは、それまで波としか考えられていなかった「電磁波」を、粒子としての性質も持つことを「光電効果」で発見し、とりあえずなんだかわからないが、光は「光量子」である、といったのだ。光については、これで議論沸騰となったわけだが、電子（これはもうどう考えても粒子）が、波の性質を持つことを示したのが、ド・ブロイであった。

というわけで、とりあえず一般相対論で扱う「光」とは、真空中で、光源から、あらゆる方向へ発せられる「光子」である、と考えてもらいたい。

さあ、話を続けよう。曲がった空間に引いた最短・最速コースが「光子」の軌跡である。ただし、これを直線とは呼ばず、「測地線」という。この宇宙の曲がりは、平面と比べた球面のように、どこもかしこも一定の曲がりではない。したがって、局所的に大きく曲がった場所を割と平らなところから眺めてやると、かなり曲がって見えるのである。しかも（！）アインシュタインは空間だけがまがっているのではなく、特殊相対論同様、「時間」も曲がっている、といったのである。

うーむ、空間の曲がりまでは、なんとなくわからないなりに、わかったような気がしろ、といわれれば、納得してやってもいいが、時間が曲がるっちゅうのは、どう想像すればいいのだ？　と思う人、今からそれをわかりやすく説明する。

まず時空間の曲がりは、局所的である、ということ。つまりまんべんなくのっぺりと曲がっているのではなく、曲がりとは、その場所場所が持っている性質である、と、とりあえず考えてもらいたい。そうすると、極々小さな範囲には、特殊相対論が適用できるのである。というか、それ故に「光」が登場する。特殊相対論は、空間に時間を仲間にいれた「４元物理量」を元に展開された。したがってそれを拡張した一般相対論にも時空間が関わるのだ。特殊相対論が、電磁波を扱った理論であるのに対し、一般相対論は、重力を扱うので、全く違って見えるが、実は繋がっているのである。

アインシュタインは、「物理現象を幾何学で表現しようとした」と、前項で書いた。すなわちこれが、曲がった時空間だ。一般相対論では、その時空間の曲がりを表現するのに「リーマン幾何学」（すなわちテンソル解析）を用いたので、数学的には「一般」という名とは裏腹に、一般の人にはわかりにくい理論になってしまったが、実は、その概念はそれほど難しくない。

この宇宙では、質量が存在する場所（あるいは、物体が加速により力を受ける場所）では、時空間が曲がっているのだ。

空間的には、トランポリンの上に砲丸をおいた、あのへこんだ図を頭に思い浮かべてみて、それが、空間にも及ぶと考える。ちと難しいかもしれないが、とりあえずそう思って！

そこに近づいたビー玉は、そのへこんだところに落ちる、まあ簡単にいうと、質量在るところに引力在りということだ。
で、光もその空間の曲がりに対して、「落ちる」のである。これが答え（宇宙時空間での事実）である。

ブラックホールまで行かない、かなり密度の高い星があるとしよう。そこから、自分めがけて光が飛び出して来る、と考えてもらいたい。「光」も落ちるのだから、かなりその星に引っ張られながらもかろうじてこちらに向かっている、ということだから、光速度は遅く観測されなければならない。
どうだ、驚いたか〜。

「光速度不変の原理」はどうした！　と叫ぶあなた、そうあなた、あなたは正しい。光速度は不変なのである。前にいったはずである、「光速度不変」は、慣性系に限らない、と。
なにをいっとるんだ、血迷ったか！　と思わないでもらいたい。光速度が遅く見えるのに、光速度不変を主張すれば、当然、その密度の高い星の近辺では、時計が遅れるのである。
だから光速度は不変なのだ。

6. 一般相対論の世界

光速度不変は、一般相対論でも通用するといった。
だが、特殊相対論とは、一味も二味も違う。
それを説明する前に、次のことを認めてもらわねばならない。

曲がった時空間というのは、便宜的に考え出された抽象的概念ではなく、数学的な裏付けもある現実だ。

だから、その曲がった時空間を運動する物体および光は、その曲がった時空間に逆らわず動いている限り、何の力も感じない、つまり慣性系と同様に扱える、ということだ。（私が理解する限り。）

だから、曲がった時空間に沿って測地線上（最短距離）を走る光は、光速度で走る。それを、曲がりの異なる時空間から見れば、光速度ですら変わる。これが一般相対論だ。

白状しよう。特殊相対論は、ある程度の計画というか構成が初めから頭にあって書き進めた。だから、破綻も少なかったのだが、第４章で、ブラックホールの話をして、そこから一般相対論になだれこんだので、私自身も研鑽の日々であった。新たに再確認したことも、実は多い。私も結構文献を引っ張り出して勉強しなおしていたのであった。

さて、棚上げにしていた宿題の解答をする。

「重力質量」と「慣性質量」

私は、光には少なくとも「重力質量」はあるはずだ、といった。確かに私が相対論を勉強していた学生時代には、「光の相対論的質量」という表現で、光の「重力質量」（換算値）が存在した。

ところが、最近の文献を見ると、誤解を招きやすいという理由で、「光の相対論的質量」という表現は使わなくなっているのだそうだ。

これは、どういうことかというと、本項の最初に書いた、「曲がった時空間に身をまかせて運動する物質と光が、自然な状態である」ということに深く関係している。

さて地球上にいる我々自身を考えてみよう。多分これまでの皆さんの考えは、ガリレオやニュートンと同じように、地球上の物体は、地球と自分自身の間にはたらく重力によって、地球の中心に向かって引かれている、と考えていたであろう。ところが一般相対論では、次のように考える。

空間を歪めているのは、「質量と運動量の変化（加速度）」である。「等価原理」からこのことがいえるのである。つまり物質（と光）は、曲がった時空間を、直進運動する。したがって、「重力」とは錯覚である。

なんで？　実は地球上にいる人間は不自然な運動をしているのだ。もし曲がった空間を直進する体験をしたければ、ビルの屋上から飛び降りて見たらよい、とよく説明されるが、これは投身自殺行為であって、数秒後には地面の上で息絶えているだろう。したがってこの例はあまりよくない。思い切って地球の中心を通り、地球を貫通する穴を掘ってしまおう。で、地球上のどっちの穴でもよいからそこへ飛び込んで見ればよい。地球上にいる人から見れば、穴に飛び込んだ人は、地球の中心で最高速度になるような、加速度運動を繰り返している様に見えるだろうが、穴に飛び込んだ人は、なんの力も感じず、無重力を体験できる。これはわかると思う。

では、地球上の我々は何なの、と考えて見る。これは、自分が地面によって上へ押され続けている、ということになる。つまり、宇宙空間上で加速するロケットに乗っているのと同じ感覚である。

でもおかしい、地球は膨張していないぞ、という意見が出るであろう。それには、私はこう答える。

地球の地面にへばりついている物は、地面の上と下とで、極端に歪んだ時空間に対して無理して直進しているのであって、別に重力に引かれているのではないのである。つまり人間は、自然な状態（地球の中心へ向かい落ちて行く）を、常に逸脱し続けている。そのためには、力を加え続けなければならない。これは、実は人体を構成する物質の原子・分子が地面に対して、踏ん張っているのである。

だから、「重力」なんてない。あるのは、時空間の歪みだけである。

したがって、光には、「慣性質量」も「重力質量」もない。

「光速度」が異なって測定される、といった。これ誤解の無いように。「光」はあくまで、歪んだ時空間を光速度で直進しているのであって、それを全然歪みの異なる、別の時空間から見れば、変わるということ。慣性系という、歪みのない特別な時空間では、誰が、どこで測っても、「光速度は不変」なのである。

第６章　相対性・浪漫

1. 双子のパラドックス

この章からは、もう理解を忘れて、相対論で、おもいっきり遊んでしまおうと思う。

とりあえず、有名な「双子のパラドックス」を提示する。

「双子のパラドックス」を話そうとすると、まず出てくるのは「ウラシマ効果」である。「ウラシマ」とは浦島太郎のウラシマである。

「ウラシマ効果」は、ＳＦでも、頻繁に使われている。「猿の惑星」（リメイクのほうは私は知らない。チャールトン・ヘストンが出たオリジナル版である）でも、背景には、この「ウラシマ効果」がある。

つまり、光速に近い速度で宇宙旅行をして来た人は、あまり年をとらないのに、地球では、とてつもない時間が過ぎている、ということをいったものだ。「ウラシマ効果」とは、いい得て妙である。外国の童話にも、これに類する話があるそうである。

さて、この「ウラシマ効果」ってのは、真実なのであろうか？　ものすごく速いスピードで宇宙旅行をして帰って来ると、地球では、何百年、何千年も過ぎ去るということである。

「ウラシマ効果」が「双子のパラドックス」のキーワードである。「パラドックス」とは、日本語では「逆説」であるが、要は、なんかおかしいぞ、という話のことだと思えばいい。

「ウラシマ効果」が正しいということを前提において考える。しつこいが、高速度（光速度にかなり近い速さ）で、宇宙旅行をして地球に帰って来ると、地球では、自分より遥かに時間が過ぎている、ということが正しいとする。すると、次のようなことをいう人が出てくるのは当然のことである。

特殊相対論では、自分と相手の立場は同等のはずだ。双子の兄弟がいて、弟が地球に残り、兄が宇宙旅行に出るとする。すると地球の弟が宇宙の兄をみて、兄の時間がゆっくり進むことは理解している。だが、同じ相対速度なら、兄が弟を見たって、弟の時計が遅れて見えるはずだ、それが、特殊相対論の結論であったはずだ。極端なことをいえば、兄に対して、地球と弟が反対方向に宇宙旅行をして帰ってきても状況は変わらないはずだ。そのときは兄の方が歳をとっているのか？

ところが、「ウラシマ効果」が立ちふさがる。現実に会ってみると、弟の方が、年をとっている（どころか、場合によっては、弟は既に故人になっており、弟のひ孫に出会うかもしれない）、というのが真実だと主張するのだ。

どちらかは誤りのはずである。さて考えてもらいたい。

2. ウラシマ効果

さて、種明かしである。

簡単にいうと、前項で書いた、「高速度（光速度にかなり近い速さ）で、宇宙旅行をして地球に帰って来る」という設定は、実は、特殊相対論だけでは語れないのである。

キーワードは、「加速」。「加速」が入って来ると、これは一般相対論の話になる。「等価原理」を思い出そう。「重力質量」と「慣性質量」は同じ、すなわち、「重力」で引き合う力と、「加速」による見かけの力は、区別できないのである。

えっ、兄が乗ったロケットは、どこで「加速」してるんだ？と思う人、ロケットは、地球を出発して地球へ帰って来るのだ。すくなくとも、どこかで引き返さなければならない。とすれば、光速に近い速さから減速し、いったん止まって、また光速に近い速さまで加速しなければならない。これは、地球を出発した直後、光速に近い速さまで加速するとき、及び、地球へ帰還して、光速に近い速さから減速するときも同じだ。

したがって、加速系では、歪んだ時空間内をロケットは走る。近似的に慣性系とみなせる地球から見たとき、歪んだ空間を走るロケット内の時間はゆっくり流れる。

たしかに、ロケットは途中で光速に近い慣性系になり、このときは、特殊相対論を適用できるが、相手が光速に近い場合、一般相対論による空間の歪みのための時間の遅れは、特殊相対論による時間の遅れの効果を遥かに凌ぐのである。

「加速」するとき、と「減速」するときで、一般相対論による歪み効果は打ち消し合うのではないか？　と、思った人がいるかもしれないが、加速であれ減速であれ、慣性系の地球から見れば、それは「加速（速度の変化）」なのであって、それを地球から見れば、時間は遅れる。

次の問題。これは純粋に特殊相対論の問題である。

地球から 10 光年離れたところに A 星があるとする。

いま、光速の 99. 9%の速度で、B ロケットが地球の横を通り過ぎたとする。（だから加速はない）

さて、B ロケット内にいる人にとって、地球から、A 星にたどり着くまで、どのくらいの時間が必要だろうか。

3. 相対論マジック

ローレンツ因子を計算してみよう。

$$\gamma = \frac{1}{\sqrt{1 - v^2/c^2}}$$

の v に、0. 999c を入れてやればよい。光速の X%といういい方をすれば、光速 c はこの式内で、約分されて消えてしまう。

$$\gamma = 1/\sqrt{1-0.999^2} \fallingdotseq 22.366$$

である。

ロケットに対して地球とA星は静止していると考えると、ロケット内から見た地球〜A星間の距離は、ローレンツ因子で割ったものとなる。したがって、

星間距離（光年）＝10／γ≒10/22.366≒0.447（光年）

この距離を、ロケットは、光速の99.9%で走る。

光速は、1光年／年という速度である。したがって、

星間を走る時間（年）＝（距離）／（速度）≒0.447/0.999≒0.448（年）≒163（日）

約163日で、10光年を走ってしまう。

なんか変？　光ですら10年かかる距離を光速の99.9%で走るロケットは、たった半年たらずで走ってしまう。

「距離の縮みだけを考えて、時間の短縮は考えていないではないか」と思う人、もう一度思い出してほしい。距離や時間が変わって見えるのは、あくまで相手だ。ロケットにとって、星間距離は、相手だ。だから縮む。しかしロケット内の時間は、ロケット内の人にとっては、変わらない。したがってこれが真実であり、特殊相対論の結論だ。

だが、地球にいるものにとっては、星間距離は縮まないし、ロケット内の時間が遅れて見える。だからロケットは10年以上かかってA星に到着する（というか、A星の近傍を通り過ぎる）。これで何の矛盾もない。

勘違いしないで欲しい。特殊相対論だけで押し通すと、地球にいるものは、二度とロケットに乗っている人に会うことはできない。光速の 99.9%の相対速度で、遠ざかり続けるだけである。加速運動（引き返す）をとらなければ、現実に両者の違いを突き合わせて比べることはできない。それが特殊相対論だ。

さて、光速の 99.9%で走ると、周りの星間距離は 1/22.366 に縮んでしまうのであった。これは、地球と A 星だけの話ではない。ロケットに対し、静止系と見なせる宇宙の星々は、全てこの割合で縮んでしまう。これは何を意味するか？

光速の 99.9%で走っているロケットから外を眺めて見ようではないか。何が見える？　そう宇宙が 1/22.366 に縮んで見えるはずである。

はっ？　何じゃそりゃ、と思う人、想像力を働かせよう。全天の星々は、全部自分の真横へ集まって来るように見えるだろう。光速の 99.9%くらいなら、まだ全天が 1/20 程度だから、まだ宇宙は楕円球に見えるだろうが、もっともっと光速に近づけば、急速に宇宙は自分の真横に集まって行き、極限の光速では、全てが自分の真横にあり、宇宙の厚み（?）は、進行方向に対してゼロになる。

これはもはや進んでいるとか、いないとかいう状態ではない。だから、物質は光速になれないのである。(もし、ロケットが加速していたら、この現象は、もっと顕著に見えることだろう。横方向から来る光は、加速度を含んだドップラー効果により、プリズムを通したように別れて虹色になるとの説もある。）このとき周りの宇宙は、自分の真横に全て存在するのであり、前方に「特異点」はない。前方も後方も宇宙の外である。

光に持たせた時計は進まない。なぜなら、自分が進む方向への距離は常にゼロだからだ。したがって、光の立場に立てば、宇宙は存在しない。時間も空間も感じられないからだ。光として生まれなくてよかったねえ。

4. 重力場の量子化

アインシュタインは、重力場を幾何学で記述し、その結果として重力あるいは加速による力は、「空間が曲がっていることによる錯覚である」と表現し、その曲がった空間に身をゆだねている物体の行動こそが自然なのである、といったのであった。

ところが、量子力学における「近接力」の考え方では、捉え方が異なる。この辺の統一がなされていないので混乱するのではないかと想像する。よって、この項では、量子力学が重力をどう見ているのかを述べてみる。これは、アインシュタインとは別の考え方である。
第5章の2項『「場」とはなにか？』で書いたことの続きと思ってもらいたい。
今度は電磁場ではなく、重力場というものを考える。難しくない。電磁場と話はほとんど同じ。

重力場は、「質量」を持つ物質が発する仮想粒子が作る、と考える。この仮想粒子を、「重力子（グラビトン）」と呼ぶ。そして、仮想重力子が飛び交う場所を重力場というわけだ。間違わないでほしいのは、質量を持つ物体が、重力子を放出するわけではない。あくまでも仮想重力子を呼吸しているのである。したがって、仮想重力子の飛び交う場に質量を持ってくると、重力が働くところを重力場と定義する。

ここで、ちょっと道草。電磁波を発生させる方法を知っているだろうか？　例えば電波。ラジオでもテレビでも良いのだが、原理としては、以下のようにして電波を発生させる。

> 空中に張った針金（これをアンテナと呼ぶ）の両端の電圧をめまぐるしく変える。そうすると、針金を構成する金属内の電子が、激しく揺さぶられる。電子は、荷電粒子だから、仮想光子を身にまとっている。これが激しく揺さぶられると、仮想であった光子が電子について行けずに空間に放出される。この仮想から実態に変わった光子が電波である。

話を戻す。同じことが、仮想重力子にもいえる。

膨大な質量を持った星が、激しく揺さぶられる（星が揺さぶられるとは、どんな現象じゃ！　と驚くかもしれないが、連星というものがあって、大きな質量を持つ星が互いの重心の周りを巴になって回っている星がある。このとき、その星は、ものすごい加速度運動している）と、星の質量について行けなくなった仮想重力子が、実態となって飛び出す。これが重力子であり、重力波である。

光子それ自体は、電荷を持っていない。だって持っていたら、光自身が仮想光子を発生させて収拾がつかないでしょ。同様に重力子は、質量を持ってはいけないことになる。質量を持たない、ということは静止質量がない、すなわち光同様に、どの慣性系から見ても一定速度で走るしかない、というところまでは予言できる。そして、それが光速に等しいことも予測できるが、まだ観測されていないため、あくまで推定である。

そもそも、重力の及ぼす力の弱さは、電磁気力と桁違いである。

えっ感覚的には、重力のほうが強く思えるって？　いいえ絶対そんなことはない。なぜなら、重力というのは、質量が地球ほどあって、やっと空気を引きつけていられるほど小さい。（月は、質量が小さくて大気を持てない。）

それに対して電磁気力は？　原子は、電子と陽子が同じ数あってできている。だから原子一個はちょうど電気力がプラスマイナス打ち消しあって見た目には電気を感じない。ところがほんの少しバランスを崩してやっただけで、人間が目に見える大きさで、物がくっつき合ったり、反発したりするのだ。その力の違いは、重力は、電磁気力の１／10^{40}倍である、というほどの小ささである。

だから、この重力子は、未だ発見されていないのだ。

質量はエネルギーと同じだといった。したがって、重力はものすごいエネルギーからほんのちょっとしか出てこない。これに対して我々が電磁気力を体感するのは簡単だ、電磁石でかなり大きな鉄のかたまりをぶら下げることができる。

電磁場と重力場の大きな違いのもうひとつは、力の種類である。電磁場には、引力・斥力があるが、重力場には引力しかない。なぜであるかは、神様にしかわからない。

5. ビッグバン

さて、いよいよ宇宙の話に入って行く。ここからが相対論の醍醐味といってもよい。

ただし、ひとつ注意事項。この章に入ってからは、相対論で遊んでしまえ、ということで、あまり理論的展開にこだわらずに書いてきたが、ここからは、その傾向がさらに顕著になる。なんてったって相手は宇宙なのだ。まだまだわかっていない分野である。私の話の脱線もあるかもしれないが、それ以上にまだ未検証の分野である。ここに書くことは、いろいろな説がある中のひとつ、であると思ってもらいたい。

もともと一般相対論は、二つの方程式（第５章、３項）を解くことによって得られるものである。しかし、「連立偏微分非線形方程式」だから、解くための初期条件の与え方により、結果はかなり違ったものになる。

当初、アインシュタインの「重力場の方程式」には、「宇宙項」なるものがあった。この「宇宙項」をとってしまうと、この宇宙は、とても不安定になり、今の形状を維持していられなくなるのだ。アインシュタインは、この宇宙を静的なものとするために、「宇宙項」を導入した。

ところが、ハッブルという人が、宇宙の星々を観測し、そのドップラー効果から、この宇宙の星は、全て（例外なく）地球から離れつつあることを発見したのである。この意味するところはなにか？　地球が、全ての星々の中心にいるのか？　これでは、あまりに話ができすぎである。

風船の表面は２次元の曲がった空間であるが、風船が小さいときに、その表面に一様にマジックインクで星を書く。そして風船をふくらませる。すると風船の中のどの星から見ても、全ての他の星は自分から離れつつあるように見える。これと同じ理屈で、この宇宙空間は、境界のない有限なもの、ということが想像できる。つまりどの星にとっても自分が宇宙の中心である、ということだ。

それが、離れつつあるのだから、この宇宙は膨張していることになる。つまりこの宇宙は、静的ではなく、膨張する宇宙だったのだ。アインシュタインは、この事実を知って、直ちに、「宇宙項」を取り去ったという。

この宇宙は膨張していることが確かになった。とすると、時間を遡ると、宇宙はもっと小さかったことになる。それを極限まで突き詰めれば、宇宙は一点に収斂してしまうことになる。この宇宙の（質量を含む）全てのエネルギーが、一点に集まってしまうのだ。逆に見ると、宇宙は、一点（小さな小さなエネルギーの塊）が膨張してできたことになる。
　このエネルギーの塊が膨張をはじめた初期の宇宙は、さぞものすごいものであったろう。で、この宇宙のはじまりを、ガモフという人が「ビッグバン」と名付け、これが定着してしまった。この宇宙は、ビッグバンに始まり、それ以来膨張を続けている。

　考えてもみてほしい。この宇宙の全てが一点にあったのだ。それは、エネルギーの塊であり、分子や原子、いやあらゆる素粒子も存在しない、とてつもないものである。当然質量なんてなかったものと思われる。
　誰だって聞きたくなる。ビッグバンの前は、どうなっていたんだ？

　物理学者は答える。その始まりには、時間すらなかった、と。「時間がない！」とほうもない物言いである。
　これはどう考えても、物理学者の言い訳としか思えない。でも、空間が一点に収斂しているのに時間が定義できるか？と物理学者は言い返す。それをいわれると、なにもいえなくなる。私だってよくわかんない状態である。
　とにかく最初にビッグバン（だけ）があったのだ。聖書にいわく、「初めに光りあり」と。これはビッグバンのことだ、という人もいる。
　とにかく宇宙は膨張をはじめた。そして今の宇宙がある。

6. 宇宙の果て

宇宙の果てを考えよう。「果て」にはふた通りの考え方がある。

（1）宇宙を移動して行ったら、どこかに果てはあるのか？（空間的な果て）
（2）いつか、この宇宙が終わることがあるのか？（時間的な果て）

まず「空間の果て」について考える。前項で、「この宇宙空間は、境界のない有限なもの」と、私は書いた。ここで「境界のない」とは、どういう意味かを再度検討する。

ちょっと想像するのが難しいのだが、風船の表面（これは２次元）を３次元空間に拡張して考えてもらいたい。２次元である球の表面にいる生物は、どこかを出発点にして、真っ直ぐに（測地線＝大円）歩いて行くと、いつかは元の場所に戻って来る。これは理解できると思う。つまりこの２次元空間（球の表面）は、有限（の表面積）なのに、境界がない。

これと同じことを宇宙空間でも考えると、宇宙のある点を発した光は、限りなく広がって行くが、長い長い時間の後に、元の場所に集まってしまうということだ。つまり空間が曲がっているので、光は巡り巡ってもとの場所、つまり、この宇宙は有限の体積を持つ空間であるが、境界はない、ということである。

これは、この宇宙の外というものが、仮にあったとすれば、そこは空間ではない、ということだ。

次に「時間の果て」を考えよう。前回、「この宇宙は膨張している」と、私は書いた。とすれば、考えられる宇宙の結末は二つ。

一つ目は、いつまでも限りなく膨張し続ける、ということだ。ただし、有限の宇宙が膨張し続ければ限りなくその密度はゼロに近づく。そのうち、夜空には、星が輝かなくなる、と想像される。ただし、その時まで地球があれば、の話だが。

二つ目は、今は膨張しているが、どこかでこれが収縮をはじめる、ということだ。「輪廻」という東洋的考え方から行くと、こちらの方が納得しやすいと思う。つまり万有引力が、膨張する力をどこかで上まわり、そのうち星々は近づきはじめ、それはどんどん加速し、最終的（？）には、この宇宙は、一点にまで縮む。

私の主観は、二つ目の説を好む。一点に縮んだときを、「ビッグクランチ」と呼ぶ。「ビッグバン」の反対だ。ところが、これで宇宙は終わらない。ビッグクランチは、再び、ビッグバンに繋がる。この膨張・収縮が繰り返される、というのだ。
誰もこの全てを観測するものはいないので、あくまで、これは理論にすぎない。現在宇宙がどのくらいの加速度で膨張しているのか、そして宇宙の質量密度がどのくらいであれば、膨張が収縮に転ずるかの値というものが計算されているが、近年までこれはぎりぎりどちらかわからないものであった（らしい)。ところが、中性微子（ニュートリノ、といった方がわかるかもしれない）が質量を持つことが最近判明し、この宇宙はどうも収縮しそうだ、という話が出てきたのである。

余談

2006年現在、最新の観測によれば、この宇宙は、曲率ゼロの平坦な宇宙である、という説が有力視されて来ており、そのばあい、宇宙は絶対零度に向かって永遠に膨張を続ける、というシナリオになる（そうだ)。私個人的には、採用して欲しくない説である。

何はともあれ、私の好きな説をまとめてみると、

（1）この宇宙は、空間的に閉じている。(有限で、境界がない)
（2）この宇宙は、時間的に閉じている。(膨張と収縮を繰り返す)

ということになってほしい。

若干この意味とは異なるのであるが、閉じた時空間をアインシュタインの方程式を解いて予言した人がいる。その人の名は、ド・ジッターという。かなり笑えますね。時間的にも空間的にも閉じた宇宙を提唱した人が、ド・ジッターだなんて……。

7. ホーキングの宇宙

ホーキング以前の宇宙は、あくまで、ビッグバンに始まりビッグクランチに終わるものであった。何をいいたいかというと、ビッグバンの始まりの瞬間と、ビッグクランチの終わりの瞬間は、あくまで、「無限大」が跋扈（ばっこ）する極めてへんてこりんな時空間であった。何が無限大？　エネルギー密度が無限大、時空間の曲がりが無限大、時間・空間が定義できない、という妙な瞬間である。これを数学の言葉で「特異点」という。数学では許されても、物理はそんなへんてこりんなものを許さない。

ここに登場したのが、車椅子の物理学者、ホーキングである。

だが、ここからの説明は、それこそ「絵にも描けない」話になる。みなさまの精一杯の想像力を発揮していただくしかない。

膨張宇宙を話したときに、球の表面をたとえに使って、これを３次元空間に拡張して、「有限だが境界のない」空間を想像してもらった。今度は、地球に似た球形を考えてもらって、その緯度線（１次元）を３次元空間と考えてもらいたい。そして北極から南極へ向かう地軸を時間としてもらいたい。そうすると、北極点がビッグバンになる。そして、緯度を南下して行くにつれ宇宙は膨張する。赤道で最大になると、今度は収縮に転ずる。このへんうまく想像してね。そして、南極点がビッグクランチである。

このモデルでは、北極点で始まり南極点に終わる宇宙を考えたわけだが、よーく見てほしい。北極点も南極点も、球面上では、なめらかな点のひとつにすぎない。特別扱いする必要はない、というのがホーキングの主張だ。

ホーキング以前のモデルでは、南極と北極がとんがっていた（特異点だった）のである。

数学的には、「経路和」というものを使って表現する。（この「経路和」を編み出したのは、ファインマンという人で、この人は図を描いて物理問題を解くことが得意であった。このあたりの挿絵は、彼に描いてもらうしかないかもしれない。が、彼はもうこの世の人ではない。）

地球をモデルにした説明は、比較的わかり易かったと思うが、ビッグバンの前とビッグクランチの後はどうなってるんだ、という疑問は残る。実は、ホーキングは、ビッグバンの前とビッグクランチの後は、虚時間であるといったのだ。このことにより、宇宙の始まりと終わりを「特異点」ではなくしたのである。

なんだか、私には、特異点より不思議なたとえではないかと思うのだが……。

実は、ここから先は、ホーキングがいったわけではない。あくまでホーキングは、宇宙の始まりと終わりは特異点ではない、といったのみである。

虚時間であってもよい。ただ物理では、そんな虚時間は、経験することはできないのだから、次のように考える。

ビッグクランチの瞬間に、頭の中で地球儀をひっくり返してもらいたい。南極（ビッグクランチ）は特異点ではないのだから、するっとそこを通り過ぎて、実時間に沿って跳ね返る。と、それがビッグバンになる。考えやすいですね。私はこの説を支持している。

他にもいろんな説があるぞ。

虚時間にとけ込んだ宇宙には、距離（空間）というものがなくて、初めと終わりが繋がっていたってかまわない。ちょっと暴理暴論のような気もするが、そう考えても良い。だから虚時間を経て、ビッグクランチがビッグバンに繋がっている、という説。

もっとすごい説があり、虚時間の海からは、いくつもの宇宙が生まれ（ベビー・ユニバース）、消えてもかまわない、という人もいる。我々の宇宙とは異なる宇宙が、無数にあっても良い、というのである。虚時間の海からは、泡のようにどんどん宇宙が生まれては消える…

ここまで来ると、何をいってもかまわない、という気がしてくる。ただし、プロの物理学者は、数学的裏付けをもって、各種のモデルを作っていることをお忘れなく。好きかってな説で通用するわけではない。

なんといっても、宇宙モデルは、実験による確認が不可能である。

次回は、宇宙の「膨張期」と「収縮期」になにが起こるか、を考える。

8. マックスウェルの悪魔

うーむ、相対論の話で、「マックスウェルの悪魔」まで登場するとは、自分でも思っていなかった。だんだん物理のどんちゃん騒ぎのようになってきたぞ。

熱力学の第1法則が「エネルギー保存の法則」だといえば、即座に理解してもらえると思う。では、熱力学の第2法則とはなにか？

ぱっと答えられる人、いるだろうか。いたら手をあげて。ほうほう、結構手が上がった。

では、問いを変えてみよう。もし熱力学の第1法則しかなかったら、何が起こるか。あら、手が上がらないね。

（1）ストーブの上でヤカンの水が凍る。
（2）50 度のお湯2リットルが、0度の水1リットルと100 度のお湯1リットルに別れる。
（3）地上の石が、何もしてないのに、上空へ飛び上がる。

上記、三つの例は、どれも「エネルギー保存則」には違反していない。

（1）ストーブの炎の温度が少し上がって、ヤカンの中の水の熱を奪えばよい。

（2）普通は、0度の水1リットルと、100度のお湯1リットルを混ぜれば、50度のお湯2リットルになるわなあ。

（3）地上（大地）から熱を奪って、石が位置のエネルギーを得ればよい。

ところが、こんなことは現実には起こらない。これをいったのが、熱力学の第2法則。

でも、熱力学の第2法則って何なのだろう。本当にそんな法則が存在するのか？　もしかしたらこれを破る現象が起きないか？　ということを考えたのが、マックスウェルという人。これは、電波も光も電磁波だ、ということを発見したあのマックスウェルと同一人物である。彼は、次のような小人を考えた。

50度のお湯2リットルがある。そのいれものの間に仕切りを作る。で、その仕切りに小さな扉をつける。小人は、その扉の開け閉めだけができる。それ以外のことはできない。扉の開け閉めは非常にスムーズに行われるので力を要しない。したがって小人は別にエネルギーを使って、仕事をするわけではない。

さて、50度のお湯2リットルといっても、水の分子を一個ずつ見れば、様々な速さを持ったものの集合である。速く走っている分子もあれば、遅く走るものもある。ただ、その数が膨大なので、平均して、50度のお湯2リットルになっている。ここまではよいだろうか。

小人は、とても小さくて、水の分子一個一個を見分けることができる。そこで小人は、次のことを行う。

仕切の右から走って来た分子が速ければ、扉を開けて、その分子を通す。左から来た分子が遅ければ、扉を開けてその分子を通す。

行うのはこれだけである。さっきもいったように、小人は仕事をしているわけではない。

しかし、その結果何が起こるか。仕切りの右は遅い水分子、左には速い水分子が集まってくるだろう。これは、とりもなおさず、右側の温度が下がり、左側の温度が上がることになる。つまり最初にいった（2）が起こる。

エネルギーも使わずにこんなことをしてしまう小人をマックスウェルは「悪魔」と呼んだ。

この宇宙には、様々なエネルギーがある。しかしエネルギーには、質の善し悪しがあるのだ。だいたい次のようにいえる。

位置のエネルギー　>　運動エネルギー　>　熱エネルギー

なぜ、上記のようなことがいえるのか？　それは、ほうっておけば、上記の逆が起こらないからである。空中にある石は、手を離せば、落下する。このとき、位置のエネルギーは、運動エネルギーに変わって行く。そして、地面にぶつかると、石は停止して、周りの地面の温度を多少上昇させる。これが最初の（３）である。普通にはこれの逆は起こらない。

違う温度のものを接触させておいておくと、熱はかならず、暖かい方から冷たい方へ移動する。これが上記の（１）である。

ところが、マックスウェルの悪魔が存在すると、エネルギー保存則を破らずに、これが起こってしまう。

ちょっと脱線するが、次の内で、最も効率の良い発電手段はどれか？

(A) 火力発電
(B) 水力発電
(C) 原子力発電

答え。(B) の水力発電。えっと思った人、上記三つのうち、(B) の水力発電だけが、熱を使わずに発電している。火力は当然として、原子力発電だって結局は、発熱したエネルギーで、蒸気を発生させ、それでタービンを回している点では同じだ。熱エネルギーは一番質の悪いエネルギーだから、エネルギー効率も悪い。

ある日のことである。朝目が覚めたあなたは、朝日の差し込む寝室から外の木立と青空を眺めて、こんな天気のいい日は、のんびりと散歩でもしたいなあ、と思う。まあ一日くらい会社を休んだっていいだろう、と考え、休みを取る。普通のことである。ところが「マックスウェルの悪魔」は、非常に沢山いて、日本中の全ての会社員の耳元でこうささやく。

「こんな天気のいい日に働くなんてバカだよ、お前一人くらい休んだって大丈夫だ、今日くらい休みなさい。」

かくして、日本中の会社員は全員会社に出てこない。とんでもない日が発生する。

てなことは実際にはない、こんな悪魔はいないから、これが自然に起こる確率は、限りなくゼロである。しかし完全にゼロではない。

なんとなく、もやもやした気分になるだろうが、上記の社会現象も、熱力学の第２法則といってもよい。

熱力学の第２法則は、「マックスウェルの悪魔は存在しない」という法則である、が、これでは、いちいちこの話をしないと理解してもらえないので、数学的に表される数値を用いて、「エントロピー増大の法則」という。エントロピーとは、「でたらめさ」のことである。つまり自然は、確率的に起こりやすい方向へと遷移し、その逆は起こらない、という法則である。

延々と、お前は何の話をしているのだ、とお思いのみなさま、宇宙の膨張と収縮の話をしようと思うと、この知識が必要なのである。

９．反転する宇宙

この項では、宇宙がビッグバンに始まり、ビッグクランチで終わるという説に基づき、膨張期と収縮期で何が違うのかを考察する。

現在、我々は膨張する宇宙にいる。これは、観測により確かめられている。つまり、ビッグバンを北極、ビッグクランチを南極にたとえた場合、我々は、北半球のどこかにいるということだ。

膨張宇宙で起きていることで、もし収縮期になったら変わると思われるもの、それは前回述べた、「熱力学の第２法則」だ。

断言してしまったが、一緒に考えてもらいたい。
今、膨張する宇宙では、熱力学の第２法則により、「でたらめさ」が増している。これは確かなことだ。珈琲に入れたミルクは、だまって見ていれば、自然に拡散して、珈琲と混じり合って、褐色の液体になる。どう考えてもこの逆は起こらない。だから、喫茶店では、珈琲とミルクは別々に出てくるのである。
さっき、だまって見ていれば、と書いたが実は、だまっていようが、いまいが、珈琲に注いだミルクは、「マックスウェルの悪魔」にしか、分離した状態にすることは困難だ。

これとは逆に、収縮する宇宙では、「でたらめさ」が、減少する、とは考えられないだろうか？

つまり、珈琲にミルクが入った液体は、だまって見ていると、自然と珈琲とミルクに分離する。

これを仮定すると、縮小宇宙では、あたかも時間が反転するかのような世界になる。おそらく、熱エネルギーは運動エネルギーとなり、運動エネルギーは位置のエネルギーとなる。まるで映画のフィルムを逆回転したようにこの世界は動く。いったいそんな宇宙に生きる生物は、どんな体験をするのだろう。

土塊がだんだん人間の形に集まって行き、腐敗した状態がだんだん細胞の形をなし、やがて年老いた人間が生まれる。そして、時を経るにつれ、徐々に若返って行き、その記憶はそれに伴い徐々に失われ、最後に赤ん坊がだんだん細胞統合して行き、最後は卵子から精子が離れていって、人間の生涯は終わる……。

なるほど、とうなずいているあなた、そう、あなた。

嘘である。真っ赤な嘘だ。

許してもらいたい。

仮に、「熱力学の第２法則」が、逆になっても、絶対、フィルムの逆廻しの現象は起こらない。なぜか。それは、万有引力が万有斥力に変わらないからだ。当然である。万有引力があるからこそこの宇宙は縮小に転ずるのであり、これが収縮期になったからといって、万有斥力になったら、そもそも宇宙は縮まない。

実は、万有引力を引き合いに出さなくとも、膨張宇宙と収縮宇宙どちらでも「熱力学の第２法則」は成立すると私は思っている。だって、宇宙が収縮を始めたって、「マックスウェルの悪魔」が生まれるわけではないだろう。

そもそも、人間が時間を時間として認識するのは、「熱力学の第２法則」があるからではないのか。不可逆過程が存在するからこそ、人間は、時が経ったと思うのではないか。結果の前に原因があるからこそ、時間が時間として認識されるのではないのか？

因果は応報なのである。遊んで暮らしたからこそ、キリギリスは冬になって、蟻に泣きつくのである。(最近では、働きすぎた蟻が、貯め込んだ食料のために巣の中を自由に動き回れなくなり、空腹のキリギリスたちに助けてもらう、という話もあったようだが。）どうころんでも、結果の後に原因が来ることは考えにくい。

物理的な「時間」は別にしても、少なくとも「人間」にとっての「時間」とは、そういうものであると思う。原因の結果としての「記憶」が蓄積されるからこそ、「時間」が存在する。

というわけで、宇宙が膨張から収縮に転じても、よほど気をつけて宇宙観測をしていないと、人間はそれに気づかないと思う。ある日突然七時のニュースで「ついに宇宙の膨張が止まり収縮に転じたことが確認されました！」という放送があるかもしれない。ただしそのニュースは、我々の世代ではありえない（と思うが……）。

さて、次章はいよいよ、ブラックホール。

第７章　暗黒の穴

1. ブラックホールの作り方

話を始める前に、今一度ことわっておく。この章「暗黒の穴」も、相対論で遊んでいるので、ここで述べたことが、必ずしもこの宇宙の真実ではないかもしれない。私自身の個人見解も含めて、たくさんある説のなかのひとつだと思っていただきたい。「これが真実だ！」と公の場で叫ばないよう注意してほしい。「この本に書いてあるぞ」と主張しても、一般世間に対する説得力はないので。

さて、まず確認しておこう。この宇宙にブラックホールは、あると思うか？

（１）そんなものは確認されていない
（２）多分あるだろう
（３）具体的なブラックホール候補の星がいくつもある

さあ、どれでしょう。

私の認識は、（3）である。おそらく、今では、間違いなくブラックホールだ、という星がいくつか確認されているはずだ。(私の記憶では、白鳥座のX1という連星の片われが、ブラックホールであったはずだ。)

ここで星の一生を振り返ってみよう。

① 宇宙空間の塵（ガス）が集まって、中心部で水素が融合してヘリウムを作る反応が始まる。(恒星の誕生)
② 核融合が中心部から周辺部へと移行し、星は膨張する。(赤色巨星)
③ 内部のヘリウムが疑縮を始め、たまったエネルギーに耐えかねて大爆発する。(超新星爆発)
④ 残った中心部で、ヘリウムが融合を始め、これ以上融合しない鉄原子になって行く。(白色矮星)
⑤ さらに自らの重さのために縮み、原子核の中に電子がもぐりこみ隙間のある原子が核だけになる。(中性子星)
⑥ 核はさらに収縮し、光も飛び出せないほどの密度になる。(ブラックホール)

ただし、全ての星がこの遷移に従うわけではない。我々の太陽の8倍の質量を持つ恒星が白色矮星となり、8～30倍程度の質量を持っていた星は、中性子星に至る。これより重かった星が、ブラックホールになる。これがブラックホールの作り方だ。

安心した？　我々の太陽は、ブラックホールにはなれない。

良かった良かった。でもね、赤色巨星になった段階で、地球は、太陽に飲み込まれるので、それまでには、人類はもっと遠くの惑星、ないしは、他の恒星の惑星へ移動していなければならない。ただし我々の孫やひ孫の時代でないことだけは確かなので、あまり心の負担にする必要はない。

それよりも、中性子星ってなんだ？　と思った人が多いと思う。

原子というものは、原子核の周りに電子が存在するものである。原子核は、電子と同じ数の陽子および陽子数と同じくらいの数の中性子からできている。そして、この状態は、東京駅に直径１メートルの玉を置き、これを原子核とすると、電子は、銚子あたりを通る円軌道となるらしい。電子はほとんど大きさを持たないので、原子というものは、隙間だらけということになる。

上に書いたように、この隙間だらけの原子内で、電子が原子核へもぐりこみ、陽子と合体して中性子になるのである。もともとあった中性子と新たにできた中性子が残るので、原子は中性子の核だけになる。さらにそれが隣の原子とくっつくような状態になったのが、中性子星である。いってみれば巨大な一個の原子核で作られた星である。これは重い。いや想像を絶する。

中性子星から角砂糖一個分を切り出して地球へ持ってきたら、約 100 万トンであるという。こんな重さを１cm^2に乗せたら、多分地球の中心までずぶずぶもぐりこんで行くと思われる。

ブラックホールは、これのさらに上を行く。

現在の宇宙で想定されるブラックホールは、上の手段でしか作れない。人間がどんなに頑張っても、人為的にブラックホールは作れない。ＣＥＲＮ（欧州原子核研究機構）でＬＨＣ（大型ハドロン衝突型加速器）が稼働を開始したとき、その巨大なエネルギーで、マイクロブラックホールができてしまい、大変なことになる、と訴訟まで起きたそうだが、現実には問題にならない。本当に作れたらノーベル賞ものだ。

2. ブラックホールとの遭遇

この項では、もし、ブラックホールが地球めがけて飛んで来たら、という事態を考える。

とてつもなく大きいブラックホールが接近した場合は、地球など一飲みにしてしまうことは自明なので、前項の最後に書いたような地球上で作れるくらいの小さなブラックホール（半径１㎝くらい）が飛んで来たと考えよう。

「アルマゲドン」や「ディープ・インパクト」のような現象がおこる、と考えた人がいるかもしれない。

甘い。

物質が、ブラックホールとなるためには、「光も飛び出すことのできない」というのが条件であり、これを満たすためには、物質の大きさが、以下の値で示される半径より小さくならなければならない。

$$r = \frac{2GM}{c^2}$$

この半径 r を、「シュワルツシルドの半径」という。ただし上の式での M は、物質の質量、c はもちろん光速度、G は、万有引力定数である。

ここで、半径 r を、１cm として M を計算すると、

$$G = 6.67258 \times 10^{-11} \quad \mathrm{m^3 s^{-2} Kg^{-1}}$$

なので、

$$M = rc^2 / 2G = 0.01 \times 300000000^2 / (2 \times 6.67258 \times 10^{-11})$$
$$= (9 \times 10^{14} / 6.67258) \times 10^{11} \times 0.5$$
$$= 6.744 \times 10^{24} \quad (\mathrm{Kg})$$

地球の質量が、5.9742×10^{24} Kg だから、おおよそ地球と同じほどの質量である。(以前、地球のシュワルツシルド半径は、ビー玉程度であるといった根拠はこれである。)

地球と同じほどの質量をどこかから調達して来て、それを半径１cmの球の中へ押し込んでしまうとブラックホールができあがる。(どうやって、地球と同じほどの質量を持ってくるか、また、それを半径１cmに押し込むかの手段は、この際問わないことにしよう。)

これを地球上でやったとしよう。前項で、中性子星のかけら（100万トン）を持ってきたら、地球の中心までずぶずぶともぐりこんで行く、と書いた。これは、100万トンという質量が、地球に比べると遥かに小さいからいえることであって、ブラックホールになると、そうは行かない。地球と同等の引力を半径１cmの球が持っているのだ。これは、地球が半径１cmの球に飲み込まれる必要がある。しかし、あまりに地球のほうが大きいため、次のようなことが起こる（と思われる)。

ブラックホールが地球に接している点と、その反対側では、引力の大きさが著しく異なる。したがって、ものすごい潮汐力を受ける。(潮汐力というのは、文字からわかるように潮の満ち引きのことで、これは月が地球に及ぼす引力によって発生する。月とは桁違いに重いものが身近にあるのだから、これはものすごい潮の満ち引き……。つまり、地球は、ブラックホールに向かった方向へ、引っ張られたかっこうで、引き延ばされることになる。地球は、水飴のような流動体ではないので、延びる前に砕け散る（と思われる)。砕け散った破片が、またそれぞれに潮汐力を受け、砕け散り……を繰り返した結果、半径１cm以下にまで砕け散ったかけらがどんどんブラックホールに吸い込まれて行く、という光景になる（はずである）。

したがって、もし、地球ほどの質量を半径１cmの球に閉じこめる方法を発見したとしても、それを絶対に地球上で実験してはならない。成功した瞬間、上記の事態が発生し、ノーベル賞どころではない。

これが彼方から飛んでくるのだ。半径１cm程のブラックホールが、彼方から地球めがけて飛んできたらどうなるか？
ブラックホールの飛んでくる方向と速度により、発生する現象は異なるが、その異変に気づいたときは、もう遅い。

もし、地球めがけて比較的低速で飛んできた場合、大気がブラックホールめがけて吸い込まれることが最初に観測されるに違いない。そして海水が、竜巻のようにブラックホールめがけて落ちて行く。そのあとは、上に書いたのと同じことになる。

もし、ブラックホールが超高速で飛んできたら、スイカを弾丸で撃ち抜いたようになる。もしかしたら、地球全体は、ブラックホールに落ち込まずに済むかも知れないが、結果は、ろくなもんじゃない。

もし、地球めがけて飛んでこず、至近距離を通り過ぎた場合は、速度と距離によっては、地球は砕け散らずに、ブラックホールと連星を構成するかもしれない。そのときは、地球はブラックホールにつかまったきり、太陽系とはおさらば。たとえ、ブラックホール自身が太陽に捕まって太陽の周りを公転し始めたとしても、惑星になるのはブラックホールであり、地球はブラックホールの衛星である。四季折々に俳句を詠んだりする風雅な生活をおくることができるとは考えられない。

なるべくなら、私が生きている間は、ブラックホールとは遭遇したくないものである。

3. ブラックホールへの接近

私個人は、ブラックホールに遭遇したくないのだが、世の中には、冒険家と呼ばれる人がいて、ブラックホールの中がどうなっているのか確かめてみたいという欲望というか義務感というかそういうものを持った人がいるものである。彼をこの項では「A」と呼ぼう。そして、私のように、平々凡々と暮らしたい人がいて、地球に残り、「A」からの連絡だけをひたすら待っている人を「B」と呼ぶことにする。

AとBは、同い年の友人であるとする。Aは宇宙船に乗って地球の近傍を光速度の99.9%という巡航速度で出発し、10光年先にあるブラックホールへ向かったとする。なに、どっかで聞いたような設定だって？　第6章の3項「相対論マジック」と同じ設定である。このほうが、話を進めやすいのである。あのときと同じ状況であると思ってほしい。

さて、この項では、ブラックホールへ向かったAの立場になってもらいたい。私はBのほうがいい、と思う人も、ここでは、是非ともAになってほしい。

Ａは、光速度の 99.9％で 10 光年はなれた星（ブラックホールだよ）に向かう。すると、約 164 日で、ブラックホール近傍に近づく。(話がおかしい、と思う人は、第６章の３項「相対論マジック」をおさらいしてちょーだい。)

Ａの目の前には、光すら出てこない黒い穴がある。それは、「シュワルツシルドの球」に囲まれた、外からは全く見えない宇宙の穴である。今書いた、シュワルツシルドの球のことを「事象の地平線」と呼ぶことがある。なぜなら、そこからはいかなる情報も出てこないからである。(本当は地平面であるはずだが、そう呼ぶと、みんなの理解を妨げるので、地平線と呼ぶらしい。ただしこの読み物では、今後、「シュワルツシルド球」＝「事象の地平面」と呼ぶ。)

ここでひとつ考察しておこう。一般の星とブラックホールの大きな違いについてである。

前に地球を貫通する穴を掘って、そこに飛び込んだらどうなるかという話をした。その穴に飛び込んだら、地面に衝突する心配をせずに、自由落下（空間の曲がりに対して素直な状態）することを思い出して欲しい。それは、地表にいる人から見たら、地球の中心で最も速くなるような加速度運動である。これはなぜ、こうなるのか、といえば地球の中心で空間の曲がりがゼロになるからである。つまり地球の中心は、重力ゼロの場所である。地球上の人々は、地面が邪魔をして自由落下することができない。このため、地表面が最も空間の曲がりが大きい。

ちょっと、寄り道。

第５章の６項で、次のようなことを書いた。

＞地球の地面にへばりついている物は、地面の上と下とで、極端に歪んだ時空間に対して無理して直進している。

この意味がわかりづらかった人が多いと思うので、ここでもう一度解説しておく。

地表面を境に、空間の曲がりは、その下へ行っても、上へ行っても小さくなるのである。だから地表面が一番時空間が曲がっていることになる。これを上の表現で示したのである。

さて話をもどす。ブラックホールの場合はどうか？　シュワルツシルドの球を貫通する穴を掘って、という理屈は通用しないことは自明である（穴に、穴は掘れない）。ブラックホールというのは、いってみれば、時空間の曲がりが普通でない場所である。「事象の地平面」の外では通用する常識は、この極端な歪みの場に適用できるのか？　まずブラックホールの大きさはどのくらいか？　ブラックホールの質量は、光の曲がりから計算することができる。だがそれ以外の情報は(事象の地平面の外にいる者にとっては）ない。だって、どうしたって観測できないんだから。Ｂは、事象の地平面までしか知ることはできないのだ。

それでは、ブラックホールの中は、物理学の対象にしてはいけないのではないか。お前は散々そういったではないか、と突っ込む人は非常にこの話をよく読んでくれている人である。確かにブラックホールの中がどうなっているのかわからない。ただし、それは事象の地平面の外にいるＢには、である。ブラックホールの中に飛び込むＡにとっては、実在する現象である。ただ、そこで知り得た事実を事象の地平面の外に知らせることができないだけである。

かなり強引な論法であることは、自分でもわかっている。でも、ブラックホールの中がどうなっているか知りたいではないか。そして、知ろうと思えば、ブラックホールに飛び込んでみればいいのだ。私には、その勇気がないだけである。

いっておくが、事象の地平面は、数学的な特異点を持っているわけでもなんでもない。Ａにとっては、単なる通過点である。しかし、ブラックホールとは、巨大な原子核のような超高密度の中性子星が、さらに重力崩壊を起こしてできるものである。もう、崩壊を支える力は存在しない世界だ。したがって、ブラックホールは、中心の一点めがけて崩壊し続けるしかない。つまり事象の地平面の中は、その中心点に特異点があるだけの存在になってしまう。

地球と異なって、中心が重力ゼロのような、普通の状態ではないのである。

Ａはブラックホールの近傍で、すでに巨大な潮汐力のため体を上下に引っ張られ、それが、事象の地平面の中に入ってどんどん大きくなって行く。ただひたすら、中心の特異点に向かって落下する。（潮汐力のため、こなごなになり、通常の物質ではなくなってしまうのだが……。）

本当に特異点は存在するのか？　そして、この様子を地球のBは、どう見るのか？

4. ブラックホールへ落ち行く者を見る

この項では、ブラックホールへ向かった「A」を、地球から観測する者「B」の立場にたって考えよう。

Aは、地球の脇を光速度の99.9%で通り過ぎた。そして10光年先のブラックホールへ向かったのだ。

Bは、Aが遠ざかる様子を望遠鏡で観察することができる。その結果、Bは次のようにAを観測するはずである。

（1）遠ざかりつつあるAの長さと時間は縮んで観測される。特殊相対論の結論だが、これはまあ置いておこう。
（2）Aは、光速の99.9%で10光年先のブラックホールへ向かっているのだから、

(時間)＝(距離)/(速度)＝10/0.999≒10.01(年)

つまり、約10年かかって、Aはブラックホールの近傍へと到着する。

（3）ブラックホールに近づくと、ブラックホールの存在により、Bにとって、Aのいる時空間の曲がりは増して行く。
（4）時空間の曲がりが大きくなるほど、Bにとって、Aの時計は遅れて見えてくる。

（５）「事象の地平面」では、光さえ戻ってこれないほど時空間の曲がりが大きくなり、Ｂにとって Ａの時計は止まる。

これは何を意味するか。そう、Ｂが見ていると、Ａは「事象の地平面」で停止してしまう。いつまで観測しても、Ａはブラックホールには落ちて行かない。正確に表現すると、Ａは限りなく「事象の地平面」に近づいて行くが、決して「事象の地平面」には到達できない。

これは、ブラックホールへ飛び込むＡの立場（前項で記述）と、全然異なる。Ａの立場では、まったく時間は遅れることなく、「事象の地平面」を通り抜け、ブラックホールへ落ちて行くはずであった。

ところが、「事象の地平面」の外にいるＢにとっては、ブラックホールへ向かう者Ａは、決してブラックホールにたどり着くことはないのである。

とても不思議だが、これが結論だ。というより、こうだからこそ、Ａが発した情報（光）は、「事象の地平面」より先からは、絶対来ないのだ。ＢはＡから「事象の地平面」内の情報を永遠に聞くことができない、それはＡが「事象の地平面」にたどり着かないからだ。ある意味でロマンチックかもしれない。ＢはＡの最後を見ることはないのである。

しつこく書いたが、前項と本項をもう一度読んで、納得してほしい。

5. ブラックホールに落ちた物はどこへ行く

以前、事象の地平面に特異点はない、と書いた。光がそこからは出て来ない、という意味で、「シュワルツシルド球」を事象の地平面と呼んだのである。

いま、「ブラックホールの近くに位置し、ブラックホールから一定の距離を保つためにブラックホールから遠ざかるように絶えず加速されている」観測者を考える。(これをクルスカル座標系にいる者、というらしい。) 詳しいことは、私にもよく理解できていないので、結論だけをとりあえずいうと、

> このクルスカル座標系の、ある特別な時刻において、ブラックホール内部の空間と外部の空間が連結されることが導かれるという。(理解できなくてよい。私にもよくわからん。)
>
> この連結された領域を「アインシュタイン－ローゼンの橋」または「シュワルツシルドの喉」というらしい。これは、ＳＦ的用語でいうと、「ワームホール」である。面白い人には面白い展開である。つまり、ブラックホールの内部と外部が繋がっていて、それを結ぶ道が「ワームホール」、つまりワームホールを通ると、「ワープ」できるのである。(ワープもＳＦ用語であり、時間をかけずに、遠く離れた空間に跳んで行く、ことである。)「宇宙戦艦ヤマト」が、宇宙の彼方イスカンダルへ行って帰ってこれた理由の裏づけが、物理学的に存在する、とい

うことである。

クルスカル座標系では、もうひとつの領域があって、それは「ホワイトホール」と呼ばれる（出た！）。ホワイトホールは、ブラックホールを時間的に逆さまにしたようなものである。つまりホワイトホールにもシュワルツシルド半径が存在するが、それを事象の地平面とは呼びづらい。なぜなら、いかなるものもホワイトホールの中に入ることはできないからだ。ホワイトホールからは何かが飛び出してきてもかまわないが、そのエネルギーの元がホワイトホールの中になければならないという。誰でも考える、ブラックホールとホワイトホールを特異点ができないように繋いでやれば、すべてバンザイ、うまく行く。

ちょっと、言葉的に理解不能なものの羅列になったので、私の比喩で置き換えてみる。

> ブラックホールに落ち込んだ物は、中心の特異点には落ち込まず、ぎりぎりのところでワームホールを通って、ホワイトホールから抜ける。

ワームホールの抜け口は、明らかにホワイトホールになるから、まとめて上記のように書いた。そして、抜け口（ホワイトホール）は、この宇宙にはない。なぜなら、この宇宙の者が見ている限りブラックホールには何ものも落ちて行かないからだ。事象の地平面で、全ては凍結している（前項参照）。
つまり、ブラックホールに飛び込んでしまった物は、どこか別の宇宙に出るしかない。その宇宙がどんな宇宙であるか知らないが、もしホワイトホールばかりの宇宙だったら、そりゃあ、いったいどんな宇宙だ？　噴水みたいな宇宙だ。

うまく理屈づければ、ブラックホールもあり、ホワイトホールもバランスよくある宇宙がよいのだろうが、少なくとも我々の宇宙にホワイトホールは見つかっていない。

私見であるが、ブラックホールの中心に特異点がある、というのは何となく納得できない。だから、ブラックホールの中心で、特異点でない、どこかへするっと抜けて、ホワイトホールの宇宙へ繋がっている、と考えたい。多分その宇宙は、ホワイトホールだらけなのに、収縮しているに違いない。そしてその宇宙こそ、万有斥力の宇宙である、という気がする。みなさんの考えはどうだろうか？

今、ブラックホールとホワイトホールがワームホールで結ばれる、というモデルを考えた。このモデルを100%無条件に当てはめてみると、妙ではないか？　と考えた人がいるかもしれない。それは次のような疑問である。

ブラックホール内の質量が、ワームホールから外へ出て行くならば、ブラックホールは、急速に質量を失い、ブラックホールでなくなってしまうのではないか？

いわれてみると、確かにそうだ、と思う人が多いと想像する。

ところが、これは考え違いというものだ。なぜなら、この宇宙にできてしまったブラックホールは、極端に通常でない者（クルスカル座標系のある特別な時刻の者）にしか、ワームホールやホワイトホールを導くことができないからだ。つまり、通常の者には、ブラックホール誕生後、そこへ飛び込んで行くものは存在しない。全て事象の地平面でストップしている！

6. ブラックホールの蒸発

本項は、「ブラックホールの蒸発」がテーマである。実はこれ、ホーキング博士の提唱した理論なのだが、知っている人も多いだろう。

みなさんは、「真空」をどう定義するだろうか？

実は、「真空」とは、何もない空っぽの場所ではない。もし何もない空っぽの場所があったら、そこは空間ですらない。

では、「真空」には何が存在するのか？　量子論の結論は、「揺らぎがある」ということだ。

「揺らぎ」って何だ？　考えてもわからない、多分。

実は、真空中には、仮想光子のペアが、生成・消滅を繰り返しており、それが「揺らぎ」だというのである。よくわからん？　多分それで正常である。

「ハイゼンベルクの不確定性原理」によると、「エネルギー」と「時間」は、不確定の関係になる。すなわち

$$\Delta E \cdot \Delta t = h \qquad (h\text{は、プランク定数という})$$

である。どういう意味かというと、物質の「エネルギー」の不確かさ（ΔEで表す）をゼロに近づけると、その物質がそのエネルギーである「時間」（Δtで表す）がわからなくなり、逆に、物質の存在する「時間」Δtを正確に決めようとすると、その「時間」帯の「エネルギー」（ΔE）がわからなくなる。何のこっちゃと考えた人は健全。量子論を本格的に学ばないとこれを納得するのは難しい。

言いかえる。物質の「エネルギー」を確定させる（$\Delta E=0$）と、物質がそのエネルギーでいる「時間」が無限大になる（$\Delta t=\infty$）。つまり、いつでも、そのエネルギーだ、ということになる。（これを物質の「定常状態」という。）

逆に物質の存在する「時間」を確定させる（$\Delta t=0$）と、「エネルギー」の幅が無限大（$\Delta E=\infty$）になる。つまり、極めて短い時間なら、とてつもないエネルギーが存在してもよいことになる。これが「真空の揺らぎ」だ。

まだ、理解出来ないよねぇ。つまり、一瞬なら、大きなエネルギーが生まれても、「エネルギー保存測」は文句をいえないのだ。（あーあ、ついに、「エネルギー保存則」まで危うくなってしまった。）

さて、ほんの一瞬なら、仮想光子のペアが生まれて、消えてもいい。

ここまで、いいかな？　納得いかない人、もう一度最初から読み直しである。ここを通り抜けてくれなくちゃ、これから先は、真っ暗闇だ。

さて、「シュワルツシルドの球面」の内と外の境目近辺でも、真空の揺らぎは発生している。仮想光子のペアが頻繁に生まれては消えて行く。通常の場合は消えて元の黙阿弥になる。ところが、シュワルツシルド球面の極々近傍（外側）でこれが起こると話がややこしくなる。ペアであったはずの片方がブラックホール内に発生し、もう片方がシュワルツシルド球面の外側に残り遠くに飛び去る。つまり仮想光子が仮想でなくなってしまう。

なにが起こったように見える？

シュワルツシルド球面の外にいる者にとっては、光子が、一個、ブラックホールから飛び出して来たように見える。つまり、ブラックホールが光り輝く。(極端な表現ではあるが。)

これが頻繁に起これば、ブラックホールは光を放出し、徐々にエネルギーを失って行く。すなわち「ブラックホールの蒸発」である。

とんでもないことを考えるものである。これでは、ブラックホールがブラックホールでなくなってしまうではないか！と心配しなくていい。この宇宙に存在する恒星から生まれたブラックホールのように規模の大きなものは、蒸発するより多量の物質を吸い込むので、無くなってしまう心配はほとんどない（そうだ）。この「蒸発効果」が効いて来るのは、ビッグバン初期に生まれたミニ・ブラックホールだけだという。

これらは、ほとんど蒸発してしまい、残っているとすれば、10^{-15}m くらいの大きさである（らしい)。こんな素粒子みたいに小さなブラックホールの中に10億トン程度の質量がつまっている（という人もいる)。このミニ・ブラックホールが1秒ほどで蒸発する（らしい)。これは、もはや「蒸発」というより「爆発」である。

うーん、考えるのも疲れて来た。こんなものと遭遇しないことを祈るばかりである。

7. ブラックホールの末路

前項では、この宇宙で、恒星から生まれた大きなブラックホールは蒸発しない、ということを話した。そして、現実的に考えて、「この宇宙では」、ブラックホールとホワイトホールが繋がっているケースも極めて希（ある特別な者だけが、ホワイトホールを認識しうる）である、ということも述べた。

だとするならば、ブラックホールは、この宇宙でどうなってしまうのだろうか？

奇妙な結論が出ていたはずだ。ある特別な者以外は、ブラックホールの成長を見ることはないのだ。なぜなら、事象の地平面で全ての物質は凍りつき、ブラックホールに落ちて行くことはないからだ。これは、できてしまったブラックホールは成長しない、ということをいっている。

あり得るとすれば、ブラックホールの合体しか考えられない。

ブラックホールが別のブラックホールに「落ちる」ことはないはず（禅問答みたいだが）だから、ブラックホール同士の衝突は、我々にも観測可能のように思われる。ただし、広い宇宙で、存在自体が希なブラックホールが衝突するなどということは、非常に起こりえないことである。確かに、現在の膨張期においてはそうであろう。

だが、収縮に転じた宇宙ではどうであろうか。宇宙にまばらに散らばった星々も今度は徐々に一点に向かって集まり始めるのだ。ブラックホールでない星同士が衝突する可能性も増大し、多重衝突の結果、新しいブラックホールが誕生する、ということも収縮宇宙ならありそうである。そのようにブラックホールができてしまうと、今度はそこに落ち行くものは、この宇宙から見ると、事象の地平面に凍りつく。

こうして宇宙は、周りに凍結した物質を纏ったブラックホールの密集する時空間になって行くに違いない。

ただし、間違わないでもらいたいのは、もしこの宇宙を観測する意識体（あなたのことだ）が、他より一足先にブラックホールへ落ちてしまったら、（少なくとも）あなたにとっては、この宇宙はそこで終わりである。何回もいうが、事象の地平面は特異点ではない。だから落ち行く者にとっては、事象の地平面は凍結点ではなく、単なる通過点である。ブラックホールの中心に向かって落ち込み、粉々になるか、ホワイトホールに抜けるかは、入ってみなければわからない。（どちらにしても、我々は、素粒子レベル以下に分解された物質とも呼べないものになってしまうのは確かで、もし「魂」というものが、物質とは別次元に存在するならば、それがどこか別の宇宙に輪廻するのかもしれない。)

閑話休題。

ブラックホールがそれ相当の密度で集まった宇宙になってくれば、おそらくブラックホール同士の衝突が起こる。これがどんな状態になるか計算した人がいる。その計算によると、ブラックホール同士の衝突過程は、ほとんど真空中の水滴同士の衝突に似ているという。ブラックホールの事象の地平面が接すると、そのくっついたところから、なめらかなひょうたん型を経てひとつのブラックホールになる(らしい)。

最終的に宇宙が一個のブラックホールに収斂したとき、もしその内部に特異点があれば、ビッグクランチは起こらない。やはり最終的には、時空間が裏返って、ビッグクランチがビッグバンに転ずる、と考えたいものである。

そして、もし、今現在の宇宙の全質量から計算される、シュワルツシルド半径が、この宇宙そのものより大きければ、この宇宙そのものが、すでにブラックホールであるという考え方もできる。(恒星がブラックホールになった場合と異なり、このブラックホールは、内部に構造を持つ。)

いかに考えても答えは藪の中。朝永振一郎先生が、ファインマン氏の言葉を引用して、こう書いている。

「夜、街灯の下で何か探している人がいる。何を探しているかときくと、鍵を落としたという。どこで落としたかと聞くと、どうも向こうの暗いところで落としたらしいが、あそこは暗くてわからないからここを探しているのだ、と答えた。今の物理学はそんなものだよ。」

我々が宇宙を論ずるのもこんなものなのかもしれない。

第８章　メタ相対論

１．「メタ」ってなんだ？

「相対性理論」の最後の章になるが、「メタ相対論」という話をする。うまく行けばちょっと長くなるかもしれない。

知っている人は、「ははあ、あの話か」とすでに、にやにやしていることであろう。

「メタ」というのは、辞書によれば、『(接頭語的に用いられ)「間に」「超えて」「高次の」などの意』とある。まあ私的に解釈すれば、「超」という程の意味である。

「超−相対論」ってなんだろう。一般相対論で、すでに相対論は拡張され、アインシュタインは、次に「大統一理論」に取り組んだのではなかったか？　そしてその完成を見ることなくこの世を去った。そう記憶している人は正しい。その通りである。

では「メタ相対論」では、なにを扱うのか？

（1）エネルギーを失うほど、速くなるもの。

（２）真空中でもチェレンコフ光を発するもの。
（３）「因果律」を破ることがあるかもしれないもの。
（４）物質から無限のエネルギーをくみ出すことができるもの。
（５）虚数の質量を持つもの。

このような性質を持つ「もの」を考える。きちんとわかっていただくために、補足する。

チェレンコフ光：
高エネルギー荷電粒子が、媒質中を走るとき、荷電粒子が見かけの光速を超えた場合に発する光の衝撃波。
（第４章、特殊から一般へ、１項「なんか変じゃない？」の後半部を参照）

因果律：
原因が結果に優先する。つまり結果には必ず原因が必要である、ということ。
（第６章、相対性・浪漫、９項「反転する宇宙」を参照）

さて、どんな「もの」を扱うのか理解していただけただろうか？
多分わからないと思う。が、それは、これを読んでいるあなたの責任ではない。なぜなら、私はわざとわからないように書いているからだ。

でも（１）～（５）をひとつずつ検討するとぼんやり見えて

来るはずなのだ。

（1）エネルギーを失うほど、速くなるもの。

エネルギーを失うほど速くなる？　じゃあエネルギーがゼロになったら速さは？

でも、物質には静止質量があったはずで、止まっていてもエネルギーはゼロじゃない。よくわからん。

（2）真空中でもチェレンコフ光を発するもの。

チェレンコフ光とは、荷電物質が媒質中の見かけの光速を超えた場合に起こる。

真空中のチェレンコフ光？　なんだそりゃあ。

（3）「因果律」を破ることがあるかもしれないもの。

（4）物質から無限のエネルギーをくみ出すことができるもの。

んっ？　ということは、結果が原因の先にある？

「エネルギー保存則」はどうなるんだ？

（5）虚数の質量を持つもの。

・・・・・・

というわけで、ひとつずつ検討したがわからなかった。具体的には次回から説明するが、このような性質をもつ「もの」を「タキオン」という。

2. 超光速粒子「タキオン」

相対論の最後には、やはりこの話題を持ってこなければならないだろう。それは、「光速度を超えるもの」の話である。

「言葉も出ない」「あきれた」「お前は今まで何回『光速度の壁』の話をした」「光速度はこの宇宙で特別だといったのは誰だ！」という声が聞こえる。

だが、超光速を話題にする「メタ相対論」においても光速は特別なのだ、といい訳をすることにしよう。

相対論における質量の式

$$m = \frac{m_0}{\sqrt{(1-v^2/c^2)}}$$

（m_0は、静止質量）

を、思い出してほしい。粒子の質量は、「静止質量」に「ローレンツ因子」を掛けたものであった。
（第３章、質量はエネルギーである、６項諸々を参照）

これまで我々が相手にしていた粒子は、静止状態でm_0の質量であり、速度が増すと質量が大きくなり、光速で無限大になるのであった。
これに対し、光は、常に光速度で走り、いかなる条件下でも、光速度以外にはなれない。
では、超光速粒子は？　上記のアナロジーで考えると、超光速粒子は、生まれたときから、光速を超えている。速いほうには上限がないが、遅い方の限界は、光速であり、光速で質量が無限大になる。

光速度不変は捨てないのである。私はそれを覆そうとはしない。粒子の速度は光速度と等しくはなれないのである。ただし、光速度を超えるのだ。

つまり、相対論における質量の式を、超光速粒子に当てはめると、

$$m = \frac{m_0}{\sqrt{(1-v^2/c^2)}}$$

（m_0は、静止質量）

という式は変えない。だが、分母はどうなるのだろう。v^2/c^2が、１より大きくなるから、ルートの中が、負の数になる。したがって分母は虚数になる。虚数ではあっても、無限大ではない。

$$m = (i\,m^*/i)\frac{1}{\sqrt{(1-v^2/c^2)}}$$

$$= m^*/\frac{1}{\sqrt{(v^2/c^2-1)}}$$

ばかも休み休みいえ！　といわれることは覚悟でいう。光速度を超える粒子は不変質量が虚数になる。

よって、光速を超える粒子の「不変質量」を、$i\,m^*$と置く。iは虚数単位

$$i = \sqrt{(-1)}$$

であるから、m^*は実数である。このときの、m^*を「固有質量」と呼ぶ。上の式の最終結果は、分母のルートの中が正になるようにして、iを消去した式である。

さて、繰り返すが、「固有質量」m^*そのものは実数である。（そうなるように式をいじったのだ。）

これで、相対論をこれまでの通常粒子における理論を崩さずに、超光速の領域まで拡大したことになる。

静止質量が虚数って何だ？　と思うかもしれないが、超光速粒子を次のように考えることで、一応の答えが出せる。

超光速粒子の速度に上限はない。ただし、下限があって、それは光速度cである、としてやる。

つまり超光速粒子は、どんなことをしても、光速度以下にはなれない粒子だと考える。

そうすると、静止質量が虚数であることが見えてくる。つまり、逆立ちしても光速度以下になれない粒子の静止質量だから虚数なのである。

さて、ここでこれまで考えて来た粒子を静止質量によって分類してみよう。

第１種：m_0^2　＞　０（m_0は実数）
第２種：m_0^2　＝　０
第３種：m_0^2　＜　０（m_0は虚数：im^*）

第１種の粒子は、今まで扱ってきた通常の粒子であり、これを「タージオン」と呼ぶ。

第２種の粒子は？　そう、相対論では、特別な粒子である光子であり、これを「ルクシオン」と呼ぶ。

第３種の粒子が、これから、メタ相対論で話題にする超光速粒子、「タキオン」である。

3. メタ粒子のエネルギー

これまで、我々がよく知っている粒子（タージオン、ルクシオン）に超光速粒子（タキオン）を加えても、（ちょっと強引ではあるが）相対論には矛盾しないことを前項で書いたのである。

ただし、ここまで書いた時点で誤解する人がいると困るのでひとこといっておきたい。

超光速粒子タキオンは、まだ実験で見つかっていない（と思う）。

まっとうな相対論の講座では取り上げていない（はずである）。

でも、しごく真面目にタキオンを探し求める人もいるのである。（アメリカのジェラルド・ファインバーグ氏が代表格であるが、なにしろタキオンを提唱したのが 1967 年であり、ファインバーグ氏は1992年に死去しているので、いまだにタキオンを追い求めている物理学者がいるかどうかは定かではない。)

さて、タキオンの静止質量は、虚数になるのである。

しかし静止質量が虚数（タキオンは静止することができない）であっても、エネルギーは実数でなければならない。そうでなければ、それこそ我々は、そんな粒子を観測できない。そして、観測できないものは、物理学の対象にならない。

そこで、今回は、三種の粒子のエネルギーについて考えてみよう。

（１）タージオン

通常粒子であり、静止質量を持つ。そのときのエネルギーは、

$$E=m_0c^2$$

であり、光速度に近づくほどエネルギーは大きくなり、その速度は、光速度に達することはできない。

（２）ルクシオン

光子であり、常に光速度。静止質量はない。エネルギーは、質量が出てこない（運動量／c）で表される。

光の運動量は、h/λで表される。hはプランク定数、λは波長である。アインシュタインは、「光電効果」でこれを示した。(第２章、はじめに光速度ありき、１項アイン

シュタイン登場、参照）

（３）タキオン

超光速粒子であり、常に速度は光速を超える。そのときのエネルギーは、

$$E = m^{*}c^{2} \Big/ \sqrt{\left(\frac{v^{2}}{c^{2}} - 1\right)}$$

であり、式を解釈すると、タキオンは、光速度に近づくほどエネルギーは大きくなり、その速度は、光速度まで減速することはできない。（質量が無限大になるから）

そして、速度が増すにつれ、エネルギーは減って行き、無限大で、エネルギーはゼロになる。

多分言葉だけでは、理解しづらいだろう。次ページのグラフを見て、納得してほしい。驚くべき結論である。

タキオンを、光速度に近づける（減速させる）ためには、外からエネルギーを与えなければならない。

ところが、タキオンからエネルギーを奪ってやると、タキオンは、どんどん加速する。そしてエネルギーゼロで、速度は無限大になる。

図9　粒子の種類とエネルギー

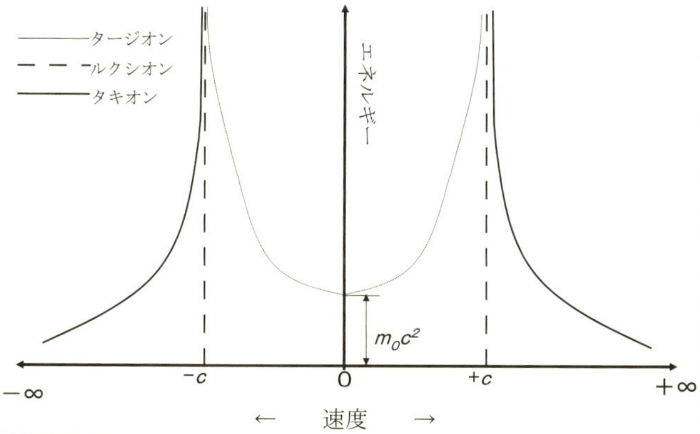

4．超越タキオン

前項の最後に出てきた結論は、タキオンは、エネルギーを全て失いゼロになったとき、その速度が無限大になるのであった。このエネルギーゼロで、無限大速度のタキオンを、「超越タキオン」と呼ぶ。

ちょっと余談。

前項で、タキオンはまだ見つかっていない、と書いた。本当は、この事実は最後まで伏せて、みなさんの興味を引っ張りたかったのだが、この「タキオン」、実は、面白い話が多すぎるのである。途中まで読んだところで、これは面白いと、誰彼かまわず話しまくった後に、実は「存在があやしい」となると迷惑をかける、と思い、無念ながら告白したのだ。本項の「超越タキオン」でもかなり驚くのだが、次項以降に「スーパー・タキオン」や「ウルトラ・タキオン」というのが登場する。ほとんど空想科学の世界みたいになってしまうのである。

「超越タキオン」の最も大きな特徴は、速度無限大である。いままで、無限大が顔を出す場所は、数学的に特異点として記述され、物理的には、容認しがたいもの（というより、認識しがたいもの）であり、物理学者の20世紀は、無限大との戦いといってもよいほどなのである。

だが、この「超越タキオン」の速度無限大は、特異点とは呼びがたい。粒子がエネルギーを失って、最低の状態になることは、当たり前の現象であり、そこには疑問の入る余地はない。

タージオンが、最低エネルギーになるのは、速度ゼロのときであるが、タージオンは、静止しても質量をもつので、エネルギーはゼロにならないのである。ルクシオン（光子）だって、エネルギーゼロの存在にはなれる。波として波長が無限大になるのである。これと比較すれば、タキオンの速度が無限大であっても、特異点とはいえない。

次に運動量という観点で見てみよう。

タージオンは、速度も運動量も可変で持つことができるが、速度ゼロで、運動量もゼロである。

ルクシオンは、速度一定で、可変運動量を持っている。

タキオンは、どうだろうか？

第３章、質量はエネルギーである、の５項「４元運動量からエネルギーへ」の最後に書いた式を再度確認して欲しい。

$E^2=(mc^2)^2+(pc)^2$　（pは、運動量）

この式で、エネルギーをゼロにしてみよう。すると、

$$-(pc)^2=(mc^2)^2=(-1)(m{*}c^2)^2$$
$$(pc)^2=(m{*}c^2)^2$$
$$\therefore pc=m{*}c^2$$
$$\therefore p=m{*}c$$

なんと、タキオンは、エネルギーゼロでも運動量がゼロではない！

したがって、超越タキオンも運動量を持っている。

もし、直進しているタージオンに横から、超越タキオンが衝突したとする。（次図を参照）

すると、タージオンは、タキオンから運動量だけを得るので、まるでタージオンは壁に当たって弾性衝突したように見える！

5. 斜交座標

まず、ことわっておかなければならないことがある。それは、この章になってから話していることは、「特殊相対論」に戻っているということだ。（そんなことわかっとるわい、という人も多

図10　超越タキオンとタージオンの衝突

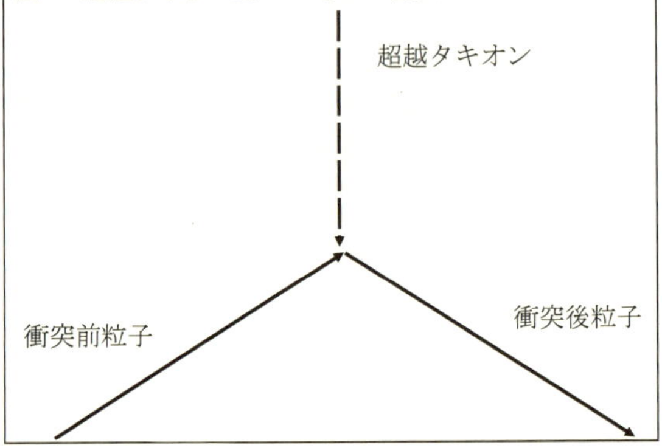

いとは思うが。）つまり、超光速粒子が登場しても、今話していることは、実は慣性系が前提なので、「ローレンツ因子」が出て来るのである。

そして、「スーパー」や「ウルトラ」の話をする前に、ちょっと座標変換の話をしなければならない。（期待していた人にはお詫び。この章はかなり、いきあたりばったりで書いているので……。）

さて、座標変換の話である。特殊相対論なのだから、絶対静止系というものはない。だから、まずＰという基準になる慣性系を考える。このＰは、タージオン系つまり、光速度より遅い慣性系である。で、これから出てくる系は、全てＰに対する相対速度を持つ系と考えてほしい。（この前提を宣言しておかないと、静止系ってなんだ？　という話になってしまうので。）

静止系（もちろんＰに対して）では、座標は、我々のよく知っている、直交座標で表す。図 11 を参照。

図11　静止系（直交座標）

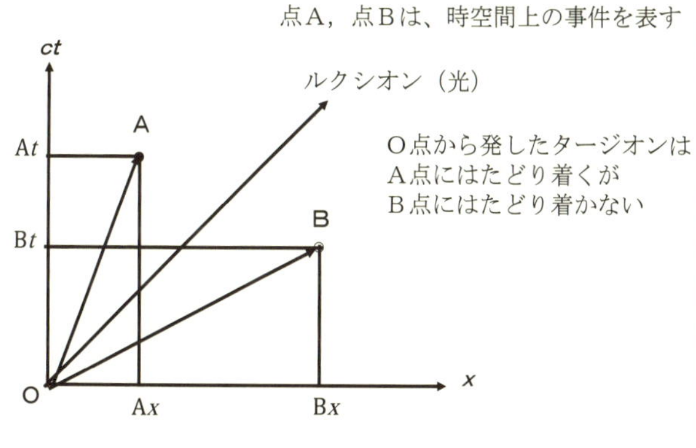

慣性系にいる粒子は、座標上で直線になる。縦軸は、４元位置の時間成分 ct である。これは光が走る距離である。したがって、直交座標において、ルクシオン（光）は、傾き 45 度の直線になる。（$x = ct$ であるから。）

ルクシオンの直線が領域を二つに分けた。点 A がある領域は、点 O から発したタージオンがたどり着くことができる領域（$A_x < A_t$）である。これは、点 O にいる粒子が止まっていたら、ct 軸に沿って動くことになることからわかると思う。

対して点 B がある領域には、点 O を発したタージオンは絶対たどり着くことができない。それは、粒子がルクシオンより速くないと（$B_x > B_t$）たどり着けない点である。

余談である。

メタのつかない相対論では、点 B のある領域は、点 O にいる人間には関わりのない領域であった。ルクシオン（光）の直線を、ct軸を中心にぐるっと回してできる円錐をライトコーン（光錐と訳されることもある）と呼び、その内側すなわち点Aのある側は、自分と関係ある領域なので、『時間的領域』といい、ライトコーンの外（点Bがある領域）は、『空間的領域』、と呼ぶことがある。

それでは、静止していない相対速度を持つ系（もちろんPに対して）を考える。どんな座標をとっても、光の走る道筋だけは不変であるのが慣性系なのであった。もし相対速度系の粒子が限りなく光速に近づけば、座標はどうなるかをイメージしてほしい。

特殊相対論の結論は、静止系から見た相対速度系では、時間も空間も縮む（小さくなる）のであった。それを実現すればよい。図12を参照。

光の軌跡はもちろん動いていない（不変だもの）し、点O及び点A、点Bも動かしていない。それなのに、斜交座標では、見事に時空間が縮んでいることがおわかりいただけると思う。

結論。静止系から見る速度系の座標は、斜交座標であり、タキオンもその座標の仲間はずれではない。

6. スーパーとウルトラ

本項では、静止系から見た、二つの相対速度系を考える。

ひとつは、タージオン系であり、これを粒子Aとする。粒子Aは、静止系に対し、速度vで走っているものとする。

図12　速度系（斜交座標）

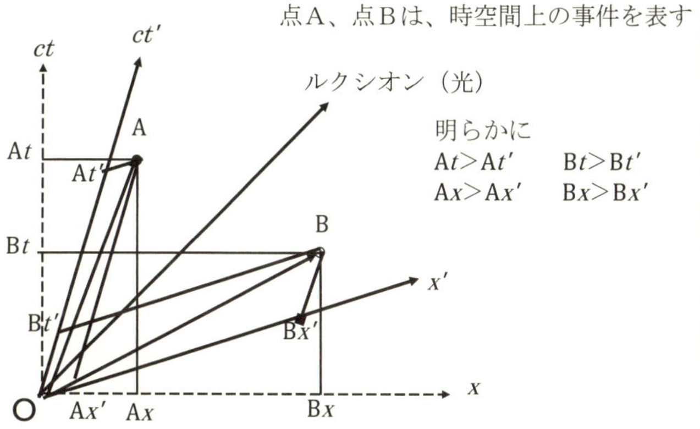

もう一つの相対速度系を粒子Ｂとし、これは、静止系に対し、速度 u で走っているものとする。

ここまでは、問題ないと思う。

ここで、粒子Ａから見た、粒子Ｂの状態を考える。

詳しい計算は、見ても煩わしいので省略するが、粒子Ａから見た粒子ＢのエネルギーE′は次のようになる。

$$E' = E_a\left(1 - \frac{uv}{c^2}\right) \Big/ \sqrt{(1 - v^2/c^2)}$$

※E_aは、静止系から見た粒子Ａのエネルギー

例によって、静止系から見た粒子Ａのローレンツ因子を γ と置けば、

$$E' = \gamma\left\{1-\left(\frac{u}{c}\right)\times\left(\frac{v}{c}\right)\right\}E_a \qquad \cdot\cdot\cdot ①$$

である。粒子Aは、タージオン系であると決めているので、当然　$\gamma > 0$ である。（$v<c$　だから）

さてここからだ。

もし粒子Bがタージオンであれば、その速度は光速より小さいので、u/c であり、

$$\left(\frac{u}{c}\right)\times\left(\frac{v}{c}\right) < 1$$

となり、①式の右辺は、プラスである。これは、どのような座標系から見ても、粒子Bのエネルギーはプラスであるということだ。ところが、粒子Bがタキオンだったらどうなるか？　v は c より小さいとしても、u が充分大きければ

$$\left(\frac{u}{c}\right)\times\left(\frac{v}{c}\right) > 1$$

となることができる！

①式で見ると、これは、粒子Aから見たタキオンのエネルギーがマイナスになることをいっている。

そして、

$$\left(\frac{u}{c}\right)\times\left(\frac{v}{c}\right)=1$$

となることもあるだろう。これは、 $u = c^2/v$ のとき成立する。

　ここで、まず何に驚かなければならないか？　それは、タキオンのエネルギーは、タージオン系の速度によって変化する、ということだ。これは、タージオン系から他のタージオンを見てもいえることである。

$$c < u_1 < u_0 = c^2/v < u_2 < \infty$$

という条件を与えてやると、u_1は、今まで我々が単純に考えていたタキオンであるが、u_2の場合、タキオンのエネルギーは、マイナスとなるのだ。
それで、タキオンを次のように、分類する。

（１）u_1：スーパー（ルミナル）タキオン
（２）$u_0 = c^2/v$：スーパ・ウルトラ境界タキオン
（３）u_2：ウルトラ（ルミナル）タキオン

※「ルミナル」というのは、「粒子の束」といった意味である。

　ウルトラ・ルミナルは、観測系が二つ（静止系と、c^2/vという速度系）あって初めて定義できる概念である。観測系がひとつなら、タキオンは、常にスーパー・ルミナルである。

　この項は、非常にわかりづらかったと思う。理解できなくとも、最初から読み直す必要はない。
ただし、次のことを認めてほしい。

タキオンは、タージオン系（速度 v）から見て、c^2/vという特別な速度（境界タキオン）を境に、スーパー・ルミナル・タキオンとウルトラ・ルミナル・タキオンに分かれる。

7. タキオンは過去へ走るか？

前項では、我々すなわちタージオン側の存在であっても、その速度により、タキオンを異なる存在として観測してしまうことがあり得る、という話をしたのである。驚くべきは、マイナスエネルギーのタキオンであるが、とりあえず、マイナスエネルギーの話は後に回して、本項では、ウルトラ・ルミナル・タキオンを別な面から見てみることにする。

状況を次のように設定する。
（1）地球上にいる人間を、静止系とみなす。
（2）地球から飛ばして、宇宙空間を速度 vで走り続けるロケットをＡとする。
（3）地球から飛びだした、超光速 uで走るタキオンをＢとする。
（4）タキオンＢは、ロケットＡを追いかけて、Ｐで反射され地球へ戻る。

状況は、前項で話した内容と同じである。具体的にキャスティングしたにすぎない。

もしBが、スーパー・ルミナル・タキオンであれば、速いことは速い（光よりも速く返って来る）が、なにも問題は起こらない。(図13参照)

図13 スーパー・ルミナル・タキオンの軌跡

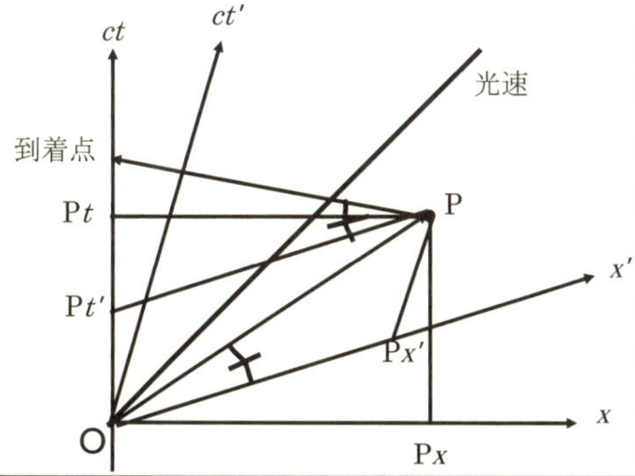

問題はBが、ウルトラ・ルミナル・タキオンの場合である。図14を、よーっく見てもらいたい。

図14 ウルトラ・ルミナル・タキオンの軌跡

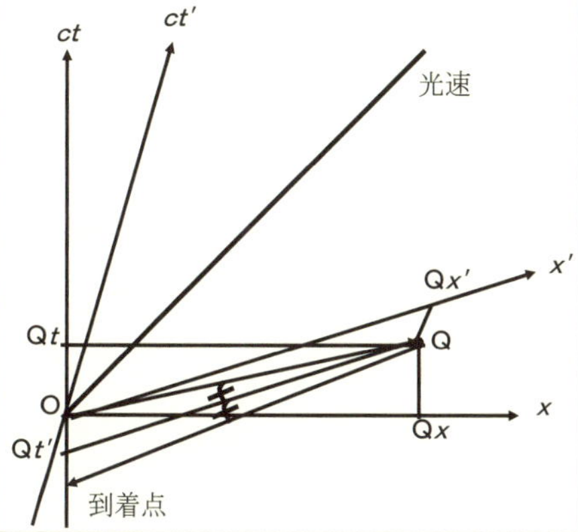

Bは、O→Q間を、直交座標から見れば、右へ、そして未来へ走る（Q点はx軸より上にある)。問題はない。

ところが、ロケットAの斜交座標から見ると、Bは、右へ、そして過去へ走っている（ Q点はx'軸より下にある)。

したがって、Q点でBを受け取ったAが、それを同じ速度で地球へ送り返せば、直交座標にいる人間にとって、Oより過去（到着点）でそれを受け取ることになる。

過去へ走るのは、タキオンであって、タージオンではない。タージオンからできている我々は、どうやったって、過去へは行けない。そんなに驚くことじゃない、と思ったあなた、

考えが浅い！

確かに地球にいる人間も、ロケットもタージオンである。ところが、ウルトラ・ルミナル・タキオンは、地球から発射して、ロケットで折り返せば、過去に届くのである。これは、昨日のあなたに、今日のあなたが、情報を送れることを意味している。

例えば、今日、競馬でものすごい万馬券が出たとする。それを知ったあなたは、昨日のあなたに、当たり馬券を知らせることができるのである。出走前に、当たり馬券（それも万馬券）を知ることができる。それを、ありったけの金で買えば、あなたは、長者になれる。

いやな想定だが、今日、あなたは自動車で、小学生をはねてしまったとする。仮に傷害で済んだとしても、家族への謝罪や

補償金等、様々なペナルティーを背負わなければならない。そこで、事故を起こしたあなたは、昨日のあなたに事故が起こることを教えるのである。事前にそれを知っていれば、なんとかしてその時間に運転しないよう注意すればいい。

だんだん、話のおかしさに気づいてきたことだろう。

もし事故を起こしたあなたが、それを昨日のあなたに教えてしまえば、そもそも事故が起きない。事故が起きないのに、どうしてその事故を昨日のあなたに知らせる必要があるのか？　必要ないから教えない。そうすると昨日の自分は事故にあう。

これを因果律の崩壊という。

タイムマシンを作って過去へ行くことはできない。我々はタージオンでできている。したがって、それは相対論（メタ相対論を含む）が許さない。

しかし、過去へ情報を送ることができるだけで、話はおかしくなる。もし人類全部が、今日のうちに明日の新聞を読むことができたらどうなるか？　明日、自分にとって不都合なことが起こるとわかれば、今日のうちに、その不都合の回避行動をとる。当たり前だ。だから明日の新聞には、その不都合なことが起こった記事は載らない。そうすると、不都合はやはり起こる……。

これを、どう解決したらいいのか？　多分、どんなに頭のいい人にも解決できない。だから、タキオンは、一般の物理学者には、研究対象外にされて来たのである。そして、ジェラルド・ファインバーグ氏以来、誰が挑戦してもそれは発見されていない。

だが、そのタキオンが、実際に発見されれば、現実に、過去に情報が送れることになる。その実験を行ったら、いったい何が起こるのだろうか？

次項では、「物質から無限のエネルギーをくみ出すことができるもの」の話をする。

8. タキオンを探せ

これまで、特に確認していなかったが、この章で超光速粒子の話をするにあたって、実は以下を前提としていた。

① タキオンも、タージオンやルクシオンと相互作用する。
② タキオンも、大枠では相対論に従う。

①についてはいうまでもないことである。タキオンが、我々の知っている世界と何も相互作用をしないのなら、そんなものは、物理学の対象にならない。何回もしつこくいってきたことである。

②は、メタ相対論という本章のタイトルからも明らかである。相対論に従うとしたから、静止質量が虚数の粒子が登場したのである。

以上を確認した上で、この項では、タキオンを観測する方法について考える。

（1）真空中でのチェレンコフ光

チェレンコフ光とは、高エネルギー荷電粒子が、媒質中を走るとき、荷電粒子が見かけの光速を超えた場合に発する光の衝撃波のことである。

荷電粒子とは、仮想光子を出したり吸い込んだりしている。仮想光子が飛び回るところを電磁場と呼んだのであった。例えば、電子が水中を走るとき、電子の速さが、水中での光の速度を超えることがある。このとき、電子の周りの仮想光子がおいてけぼりを食らうことになり、仮想光子が実態となって飛び出す。これが一般にいわれるチェレンコフ光である。

さて、電荷を持ったタキオンは、真空中でも、仮想光子を振り切ることが可能である。当然だ。タキオンは必ず光より速い。

これを利用して、タキオンを観測しよう、というプロジェクトがあった。1968 年、アメリカのプリンストン大学で、荷電タキオンの測定が試みられた（らしい）。もう 45 年も前のことである。コバルト 60 という放射性元素から出た高エネルギーガンマ線が、鉛の中で、プラス電荷のタキオンとマイナス電荷のタキオンを発生させる(*1)、と仮定した実験だったという。（次図を見れば概要は理解できると思う）

図に示した実験で、鉛中で生まれたタキオンは、出てくるまでに、かなりエネルギーを失うはずで、エネルギーを失えば速度は大きくなる。電極でタキオンを引っ張るのは、実は、加速

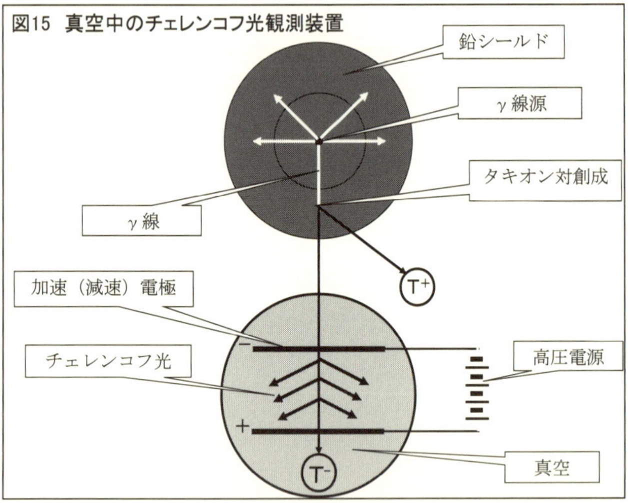

(*1)高エネルギーγ線が、プラス電荷粒子とマイナス電荷反粒子を作る（光子の物質化）ことを対創成（ついそうせい）という。

ではなく、減速させているのである。

残念ながらこの実験により、タキオンを検出することはできなかった。

（2）ゼロエネルギー

超越タキオンを捉えることは可能だろうか？

タキオンからエネルギーを奪って行くと、それはエネルギーゼロの超越タキオンになるのであった。

例えばの話であるが、地球の大気中にタキオンを走らせれば、その相互作用によって、タキオンはエネルギーを失い、徐々に速度を増す。そしてエネルギーゼロになったとき、タキオンの速度は無限大になる。つまりタキオンは真空以外のところを走らせてやれば、ほっておいても超越タキオンになるのである。

なんらかの方法で、超越タキオンをタージオンにぶつけることを考える。

チェレンコフ光のように実際に実験した人はいないようである。しかし、チェレンコフ光の実験装置を使えば、実現可能かもしれない。電極を逆転させて、さらにタキオンからエネルギーを奪えば、ゼロエネルギータキオンをタージオンにぶつけることができるかもしれない。とりあえず思考実験でもいいからやってみよう。

止まったタージオンに超越タキオンをぶつけたらどうなるか？　もしタージオンがタキオンを吸収したら、タージオンは、運動量をもらって動き出す。（超越タキオンはゼロエネルギーでも運動量を持つことを思いだしてもらいたい。）

あれっ、動いたらタージオンはエネルギーをもらったことになってしまう。これはエネルギー保存則に矛盾する。なぜなら超越タキオンにエネルギーはない。

じゃあ止まっていればいいではないか、超越タキオンは、タージオンに何の影響も与えず、どこかへ跳ね返って行く。これは、超越タキオンとタージオンの相互作用は無いといっているのと同じだ。最初に書いた①を否定することになる。

したがって、タージオンはたった一個の超越タキオンと相互作用することはできない。相互作用させるには、タージオンの両側から超越タキオンをぶつけてやるしかない。そうすれば、タキオンの運動量は相殺され、物質も動き出さずにすむ。しかし事情はタキオン一個のときと同じだ。もしそれだけだったら、タージオンは、超越タキオンと相互作用したことにならない。そこで、どうせ観測できないんだから、マイナスエネルギーのタキオンを放出してしまえ！　といった人がいる。というより、相互作用するためには、マイナスエネルギーを放出するしかない、のである。

その結果、タージオンは放出したマイナスエネルギー分、重くなる（質量＝エネルギーが増す）。これで、運動量もエネルギーも保存した。

さて、タージオンにとってみたら、何が起きた？　超越タキオンが両側からぶつかると、タージオンはエネルギーをもらうのだ。超越タキオン自身はエネルギーを持っていない。よって、タージオンにとっては、無からエネルギーをもらったことになる。そして放出するマイナスエネルギーは、無限大でもかまわない。（放出されたマイナスエネルギーなるものが、回りにどんな影響を与えるのかは、議論の分かれるところではあろうが、ここでは、そこまでは言及しないことにする。）

これで、１項「メタ」ってなんだ？　で予告したタキオンの性質について全て説明した（つもりである）。それは、

（１）エネルギーを失うほど、速くなるもの。

（２）真空中でもチェレンコフ光を発するもの。

（３）「因果律」を破ることがあるかもしれないもの。
（４）物質から無限のエネルギーをくみ出すことができるもの。
（５）虚数の質量を持つもの。

順番は異なったが、上記５項目、納得いただけただろうか。

9. タキオンという「夢」

メタ相対論をかじったことのある人は、ここで「再解釈原理」の話が来るだろう、と期待していたかもしれないが、私は、「再解釈原理」の話はしない。タキオンの実在を示そうと思ったら、相対論以外の別の理論を構築しなければならないことを断言できるからだ。

前項で、二つの前提を記述した。再度確認しておこう。

① タキオンも、タージオンやルクシオンと相互作用する。
② タキオンも、大枠では相対論に従う。

まず、次のことを考えてみよう。

前項で、「止まったタージオン」というものが登場した。しかし、これは誰に対して止まっているのか？

特殊相対性理論では、粒子間に存在するのは、「相対速度」だけなのである。だから問いかけた。「止まったタージオン」とは、何に対して止まっているのかと。

難しく考えなくとも良い。それは、あなたに対して止まっているのだ。そうだよね。

したがって、あなたに対して動いている「私」にとっては、タージオンは止まっていない。止まっていないタージオンと超越タキオンとの相互作用は、４項で話したように、弾性衝突したように見えるのであった。

そして、超越タキオンは、速度が無限大だから、あなたにとっても、私にとっても超越タキオンなのである。

整理してみよう。

同じ超越タキオンが、ある粒子（タージオン）と相互作用した。

- タージオンに対して相対速度を持つ「私」にとっては、超越タキオン１個は、タージオンの走る方向を変える。
- タージオンに対して静止している「あなた」から見ると、超越タキオン１個では、タージオンと相互作用できない。

つまり、下記が起こる。

見る立場（異なる慣性系）によって、タージオンは異なる物理現象を起こす。

ここで、立ち止まって、よーっく考えてほしい。なにかがおかしくないか？

考えてもわからない人は、第２章　はじめに光速度ありき、の２項「二つの原理」を読み直してもらいたい。

実は、タキオンの存在を認めると、「特殊相対性原理」が崩れるのだ。

「特殊相対性原理」とは何であったか？

　どんな慣性系でも、物理現象は同じである。

であったはずだ。
タキオンは、どうだろう。
「異なる慣性系では、同じ出来事が、全く異なる物理現象を起こす」のである。上記を振り返ってもらいたい。

私、という慣性系にとっては、超越タキオンは、タージオンと運動量を交換する（弾性衝突する）。
あなた、という慣性系にとっては、超越タキオンは、タージオンと相互作用しない（できない）。

「超越タキオン」が存在すると、慣性系によらず「区別できない」慣性系（相対速度が常に無限大）というへんてこりんな系が存在してしまうのである。これは、特殊相対性原理に明らかに違反している。

だから、相対性理論を用いてタキオンを語ることはできない。
「無限大」が登場する場合には、気をつけねばならないという良い手本かもしれない。

過去へ走る粒子も、とりあえずご破算である。

タキオンは、「メタ相対論」というまどろみの中に現れた「夢」である、と私は思う。

エピローグ

特殊相対論が世に出たのは、1905年のことである。それから今日まで既に一世紀以上の時が過ぎた。

その間、相対論は様々な検証に耐え、生きながらえてきた。そして相対論を用いた各種の機器が作成され、それは相対論に則って正しく稼働している。

それにもかかわらず、この世界の一般の人々は、相対論をわかっているとはとても言えない。それはいったいなぜなのか？

この読み物を終えるに当たってそのことに触れておきたい。

″grok″という英単語がある。

英和辞典によれば、動詞であって、意味は「完全に理解する、よくわかる」となっている。しかしながら、これだけでは、よく″grok″という言葉を表現しているとは言えない。″understand″と何が違うかを言えば少しわかるかもしれない。″understand″が、いわゆる理解する、という意味を持つのに対して、″grok″は、「腑に落ちる」という訳語がより近いと私は思う。

もともと″grok″という言葉は、ＳＦ作家のロバート・ハインラインが創り出した言葉であり、「生まれつきの直感に深く根ざし、ほとんど本能的に何かを理解する」ことを意味する。
この意味で、私は「腑に落ちる」という訳語が近い、といったのである。

まだ、よくわからない人のために一つお話をしよう。人はみな、ニュートン力学を″grok″をしている、という話だ。

私は、学生時代バレーボールをやっていた。
敵方のスパイカーが、こちらのコートにボールを打ち込む。
私は、相手の動きを見ながら、ボールがどの方向に、どのくらいのスピードで飛んでくるかを予測する。
味方のブロッカーの動きを考え合わせ、着地点に入って、ボールを待ち、さらにセッターへうまく返そうと、全身を調整して、ボールを受ける。

さて、私は、大学時代、理学部物理学科に在籍していた。だから、他のメンバーより、物理的に物体の動きに関する法則を知っているから、うまくレシーブできたかと言えば、全然そんなことはない。(笑)

話は変わるが、大リーグのイチロー選手は、言うまでもなく凄い。打者のバットとボールの衝突速度と角度を読み、弾性係数を考慮にいれ、そして、ボールの放物運動とさらに、空気抵抗や、風速まで計算にいれ、ボールの下に滑り込む。そして、ホームベースにいるキャッチャー目掛けて、どのくらいの初速でボールを投げれば、レーザービームになるかを、瞬時に計算する。

なんてことを、やっている訳がない。

人は、別に頭の中で力学の計算なんかしていない。断言してもいい。
もし、そんなことをしているのなら、物理学を修得しなければ、名プレーヤーにはなれないはずだ。
そうであれば、古くは長嶋茂雄から、新しくは石川遼まで、多分、学生時代に物理が得意だったはずだが、残念ながらそんな事実はない。（断言してしまうのは失礼かな？）

ところが、彼らが無意識にそういう行動が取れるのは、物の動きを彼らは、″grok″しているからだ。
人に限らない、獲物を狙うライオンや鷲だって同じだ。
物体が、地球の重力下と空気中でどう動くかを、生物は本能で知っている。これを、″grok″という。生物が生きて行く上で身につけた技術である。
ところが、現在、この″grok″が、かえって邪魔になっている世界がある、といったら皆は驚くだろうか。

何が言いたいか。
人は、他の動物より知性が勝っているため、自然界をより知ろうとすれば、″grok″できない領域に踏み込みつつあるということだ。

特殊相対論では、あなたと私の相対速度がゼロでなければ、お互い時計の進みが遅く見えることを主張し、一般相対論に至っては、4 次元時空間があちこちでてんでんばらばらに歪んでいるという。量子論では、位置と速度は、一度に決定できないことを結論づけ、さらに、粒子は、それが何物かに発見されるまでは、虚の確率振動であるといいだす。また、超ひも理論では、この宇宙は 10 次元でなければ説明できないとし、余剰次元は、極めてマイクロサイズに巻き取られているという。

さあ、いかがであろう。″grok″できた人はいただろうか。
いまや、人間が生きて行動する範囲での″grok″というものに固執し出すと、逆に自然の理解の妨げになって来ているということだ。

あなたと私で時計の進みが異なるとか、時空間は曲がっている等ということが″grok″できずに、相対論を理解しようとしない人はたくさんいる。

しかし、″grok″できないからといって、それを受け入れない姿勢は、つまらない。

″grok″できないことを、なんとか″grok″してやろうという試みを健全な好奇心と私は呼びたい。

あなたのまだ知らない物理理論を毛嫌いせず、おもしろがって理解してしまえ。それを皆に知ってもらいたいというのが、私がこの本を書いた理由である。

物理とはおもしろくて、「なぜ」を解決して行けばわかってしまうものなのである。

索　引

あ行

か行

さ行

た行

な行

は行

ま行

や行

ら行

わ

著者：福士　和之（ふくし　かずゆき）

1958年北海道生まれ。弘前大学理学部物理学科を卒業し、制御用計算機のエンジニアとして現在に至る。物理好きが高じてそのおもしろさを広く一般の人に知ってもらいたく、物理エッセイを書いている。物理以外の趣味は各種コンサートに足を運ぶこと。バレーボールとお酒を愛する茨城在住の中年男である。

HP　物理学喫茶室　http://www1.odn.ne.jp/~cew99250/index.html

わかってしまう相対論 —— 簡単に導ける $E=mc^2$

2013年 7月17日　第1刷発行

発行所：㈱海鳴社　http://www.kaimeisha.com/

〒101-0065　東京都千代田区西神田２－４－６

Eメール：kaimei@d8.dion.ne.jp

電話：03-3262-1967　ファックス：03-3234-3643

発 行 人：辻 信行

組　　版：海 鳴 社

印刷・製本：シ ナ ノ

出版社コード：1097

ISBN 978-4-87525-298-6　落丁・乱丁本はお買い上げの書店でお取替えください